ACADEMIC FRONTIER
ECONOMICS

经济学
学术前沿
书系

BOOK SERIES

三峡库区 农业面源污染治理 政策回顾与实践探索

吕红◎著

 经济日报 出版社

图书在版编目（CIP）数据

三峡库区农业面源污染治理政策回顾与实践探索／
吕红著． — 北京：经济日报出版社，2021.7
ISBN 978 - 7 - 5196 - 0817 - 0

Ⅰ．①三… Ⅱ．①吕… Ⅲ．①三峡水利工程 - 农业污

染源 - 面源污染 - 污染防治 - 研究 Ⅳ．①X501

中国版本图书馆 CIP 数据核字（2021）第 163101 号

三峡库区农业面源污染治理政策回顾与实践探索

作　　者	吕　红
责任编辑	黄芳芳
责任校对	肖　迪
出版发行	经济日报出版社
地　　址	北京市西城区白纸坊东街 2 号 A 座综合楼 710（邮政编码：100054）
电　　话	010 - 63567684（总编室）
	010 - 63584556（财经编辑部）
	010 - 63567687（企业与企业家史编辑部）
	010 - 63567683（经济与管理学术编辑部）
	010 - 63538621　63567692（发行部）
网　　址	www. edpbook. com. cn
E - mail	edpbook@126. com
经　　销	全国新华书店
印　　刷	北京九州迅驰传媒文化有限公司
开　　本	710 mm × 1000 mm　1/16
印　　张	10. 75
字　　数	150 千字
版　　次	2021 年 12 月第 1 版
印　　次	2021 年 12 月第 1 次印刷
书　　号	ISBN 978 - 7 - 5196 - 0817 - 0
定　　价	58. 00 元

目　录
CONTENTS

一、引 言

（一）研究背景

三峡库区的生态环境保护关乎长江流域生态安全和长江经济带绿色发展。十八大以来，习近平总书记对三峡库区以及位于库区腹心地带的重庆市生态安全非常关注。2016 年 1 月，习近平总书记在重庆召开推动长江经济带发展座谈会上指出，长江是中华民族的母亲河，也是中华民族发展的重要支撑。推动长江经济带发展必须从中华民族长远利益考虑，把修复长江生态环境摆在压倒性位置，共抓大保护、不搞大开发，努力把长江经济带建设成为生态更优美、交通更顺畅、经济更协调、市场更统一、机制更科学的黄金经济带，探索出一条生态优先、绿色发展新路子。2019 年 4 月，习近平总书记视察重庆时强调，重庆是长江上游生态屏障的最后一道关口，对长江中下游地区生态安全承担着不可替代的作用，要加强生态保护与修复，筑牢长江上游重要生态屏障，在推进长江经济带绿色发展中发挥示范作用。

三峡库区生态环境保护关系到三峡水库战略性淡水资源的水环境安全和长江中下游的生态环境本底安全，是长江经济带可持续发展的重要基础。三峡库区地理范围跨重庆、湖北两省（市），覆盖我国中部的秦巴岭谷和渝鄂湘黔植物带区域，幅员辽阔。三峡库区包括影响区作为一种独特的地理单元，沿袭三峡水利工程对其直接影响区域划定惯例的行政区范围，目前是长江中下游的生态屏障区和西部生态环境建设的关键敏感区域之一，三峡水库则是全国最大的淡水资源战略储备库，其生态环境保护状况和水资源水环境丰沛清洁程度，决定着我国 35% 的淡水资源涵养能力以及长江中下游 3 亿多人饮水安全。国务院 2011 年 5 月发布的《三峡后续工作规划》，标志着三峡库区建设和经济社会发展正式进入了后三峡时期。三峡库区发展职责除了使当地居民生活安稳和脱贫致富外，最重要的任务就是保护库区环境，维护库区生态安全。三峡库区的生态环境保护和区域经济社会可持续发展，直接关系到三峡库区工程综合效益的持续稳定发挥。

三峡库区生态环境保护是一项长期、艰巨而复杂的任务。三峡库区的地形条件非常复杂，地质灾害敏感性高，既是我国重要的生态敏感区，也是人类历史活动悠久的区域。库区局部地区人口密度大，总体人地矛盾突出，特别是区域内的石漠化和严重水土流失问题难以根治，资源环境承载能力差。尽管库区近年来城镇建设、农业开发以及种植经济非常注重生态保护的基本要求，但工农业生产等人类活动形成的环境污染压力仍然存在，特别是农业面源污染的影响难以消除。长江河道型水库形成后，河道天然条件发生变化，支流汇入干流时受顶托影响流速减慢，河流自净能力下降，三峡库区整体水生生态重要、脆弱而敏感。保护三峡库区生态环境，对库区环境治理和生态恢复的要求日趋提高，成了一项长期而艰巨的任务。不断对三峡库区生态环境问题及保护政策进行研究，针对性提出水环境保护、生态修复等解决农业面源污染治理问题的系列措施和政策优化建议，对于三峡库区实现中央要求的加强生态保护与修复，恢复和改善库区生态环境，筑牢长江上游重要生态屏障十分重要。

（二）研究意义

1.学术意义

自三峡工程建设和投入运行以来，三峡库区的水生态和水环境保护一直是各级政府、学界、民众关注的焦点。三峡库区地处四川盆地与长江中下游平原的接合部，跨越鄂中山区峡谷及川东岭谷地带，北屏大巴山、南依川鄂高原。既是长江上中游的重要水涵养区，也是渝、鄂两地重要的人口聚集区。地貌以山地、丘陵为主，地貌发育以流水作用的特征为主，地形高低悬殊，地貌结构复杂，属于生态敏感和脆弱的地区。影响三峡库区生产生活环境质量的要素是水污染，水污染会直接对饮用水安全、生态安全、粮食安全带来隐患，对区域经济社会可持续发展造成重要威胁。从污染物的来源分，水污染物的来源主要分为点源和面源（非点源）两类。在三峡库区，城市及其工业规模相对较小，近年来集中的工业生产和生活产生的点源污染控制措施取得成效，排入自然水域的占比已经很低。而范围很广、治理难度很大的农业生产面源污染，成了三峡库区排入自然水域的主要来源。其产生因素主要是在农业生产过程中，农田中施放的化肥流失融入地表水径流之中、畜禽粪便及水产养殖废水排放，由于三峡库区地貌地形原因，很难采取收集措施，先分散后再逐渐经地表汇集，导致污染物最终随着地表水进入自然水体形成污染。

事实上，我国所有地区的农业面源污染都已成为水环境污染的主要污染源。我国全国第一次污染源普查（2007 年）结果显示，农业污染排放的有机物（COD）、总氮、总磷占污染排放总量的比重分别为 43.7%、57.2%、67.3%，农业污染排放已成为了我国污染物排放的首要来源。2016年，清华大学研究团队对我国农业污染情况研究的数据表明，在太湖流域污染负荷中，83% 的总氮和 84% 的总磷来自于农业；在洞庭湖，总氮和总磷污染贡献率分别达到 61% 和 80%，污染比重比 2007 年普查结果大为提高。这个调查结果也与国外主要农业国家目前面临的污染情势相同。如美国从 20 世纪 90 年代起，来自农业生产领域的污染就成为污染物的第一大排放源，而荷兰的最大的污染源也来自于农业。农业污染的最大特征是分散，即非点源排放，难以进行集中处理，在我国将其统称为"面源"。农业面源污染防治是世界各国都必须面临的普遍的环境治理难题。

回顾近年来三峡库区生态环境保护治理过程可以得出，生态环境保护政策、污染治理工程和措施的实施效果，以及与库区自然因素相互作用对三峡库区生态环境保护成效影响显著，为进一步优化三峡库区生态环境保护和污染治理政策措施提供必要的理论研究依据。

2. 现实意义

随着 20 世纪末我国水体污染问题的凸显，国家及地方开始重视江河及湖泊水体污染防治问题，特别是三峡水库蓄水后担心水资源被污染，进入本世纪后，国家出台了《三峡库区及其上游水污染防治规划（2001 年——

2010 年）》，对三峡库区、影响区和上游区域的水污染防治能力建设进行了规划和部署。经过十多年的污染防治建设，三峡库区及其上游的工业污染和城市生活污染防治能力基本得到满足，即城市的点源防治基本覆盖，城市面源也通过城市点源防治设施基本解决。但是《三峡库区及其上游水污染防治规划（2001 年—2010 年）》和实施方案都没有考虑农业面源污染问题，也没有涉及解决三峡库区农业面源污染的问题。

2007 年太湖爆发大规模蓝藻问题，使我国自上而下开始重视农业面源污染防治领域，在国家重大科技专项中安排了水体污染控制与治理科技专项，对包括三峡库区在内的典型区域如太湖流域、滇池流域、鄱阳湖流域等，开展了面源污染防治技术的研究和示范工程建设。从重庆三峡库区及影响区的专项监测统计数据看，2013 年至 2016 年有机污染物和氨氮排放量有下降的趋势，但情况没有根本好转。2017 年，国家又出台《长江经济带生态环境保护规划》，提出了一些具有普遍性和指导性的防治要求，但规划实施效果还有待进一步观察。相对于区域生态－环境－资源的承载力，三峡库区总体人口众多，仍需要迈过生态保护任务重但经济欠发达的矛盾阶段。三峡库区处在我国中部南北分水岭以南最大水涵养源区域，水全部汇入长江三峡水库，虽然是典型的生态脆弱区域，但具有国家重大生态安全屏障的现实功能，因此其面源污染治理更具有必要性和挑战性。回顾三峡库区近年来面源污染治理的现状、研究面源污染治理过程中的瓶颈障碍、分析治理难题背后的原因、探寻三峡库区面源污染治理的制度性制约因素、可能的政策改善或优化途径，不仅为未来三峡库区面源污染治理路径的优化、政策的调整或完善提供系统性的理论支撑和经验借鉴，也可为我国西部脆弱敏感区域探索生态环境保护与经济社会发展协调的可持续发展路径提供一定研究借鉴。

（三）概念辨析和研究范围界定

1. 面源污染概念

本书中涉及的面源污染或面源概念，在环境科学中有比较明确的概念。面源污染（Diffused Pollution，DP），是指溶解和固体的污染物从非特定地点，在降水或融雪的冲刷作用下，通过径流过程而汇入受纳水体（包括河流、湖泊、水库和海湾等）并引起有机污染、水体富营养化或有毒有害等其他形式的污染。由于需要与特定地点污染相区别，面源污染也称非点源污染（Non-point Source Pollution，NPS）。根据面源污染发生的区域和过程特点，因发生在城市与农村，一般又将其分为城市面源污染和农业面源污染两大类。"面源污染"在特定学术范围和叙述语境中，有时可简化成"面源"。因此在本书中"面源"一词与"面源污染"相同。

城市面源污染主要是降雨淋溶和径流冲刷作用在城市表面形成的，城市降雨径流分散汇入城市排水或雨水管网收集口，最终通过排水管网排放到自然水体。由于目前很多城市的排水管网主要还是合流制形式，初期雨水的径流污染十分明显。因此，城市面源污染具有突发性、高流量和重污染等特点。

农业面源污染（Agriculture Non-point Source Pollution，ANPSP）是指在农业生产活动过程中，化肥中的氮磷钾和农药中的有机磷、有机氯、酚类等物质，以及其他有机或无机污染物，从非特定的地域，以广域、分散、微量的形式，进入土壤圈、水圈或大气圈，致使生态系统遭到污染的现象。农业面源污染物主要包括畜禽养殖污染、施用化肥农药污染、废弃农膜污染、农作物秸秆露天焚烧污染以及农村居民生活等方面，是最为突出且分布最为广泛的面源污染。农业面源污染危害很大，不仅直接破坏生态环境，还会造成农产品、饲料及饮水中的有害物质积累，对土壤安全、水体安全、粮食质量安全和人畜健康产生不利影响。

2. 农业面源污染内涵

农业面源污染一直是国际国内学术关注和研究的重点。美国自20世纪60年代起，点源污染逐步得到控制，但水体质量却未因此有所改善。人们逐渐意识到农业面源污染对水体富营养化所起的作用。经监测统计后发现，来自面源污染的污染物约占美国水体污染物总量的三分之二，其中农业面源污染又占面源污染物总量的 68% ~ 83%，农业生产经营活动中产生的面源污染已经成为全美河流污染的第一大污染源。农业面源污染问题开始变得日益突出后，很多国家都着手开展了相关研究，寻求发现和解决面源污染问题。（邱卫国，2005；汪洁，2011；李梅等，2018）

实际上，面源问题是农业生产中过度施用的氮素和磷素等营养物、农药以及其他有机或无机污染物，以及土壤中未被作物吸收或土壤固定的氮和磷，通过农田地表径流和农田渗漏形成地表水或地下水环境的污染，是通过人为或自然途径进入饮用水源、粮食、作物，导致影响人类健康的问题发生。其后果是引起自然水体的富营养化，造成大规模地表和（地下）水环境污染，影响人类健康、损害居住环境。自 20 世纪 70 年代农业面源污染问题被发现和证实以来，在世界范围内，很多国家加大了农业和农村环境保护和治理，随着点源污染治理程度提高，面源对水体污染所占比重相对呈上升趋势，而农业面源污染是面源污染的最主要组成部分，特别是在农业大国或以农业为主的发展中国家显得尤为突出。

农业面源污染与固定污染源相比具有几个特点：一是分散性。固定源具有明确的点位和排放口，而农业面源污染分散、多样，没有明确排放口，地块边界和位置难以识别和确定，无法进行监测。二是不确定性。固定源排放具有较为明确的时间规律，可以确定排放量和组分，而农业面源污染受自然地理条件、水文气候特征等影响，污染物向土壤和受纳水体运移过程呈现时间随机性和空间不确定性。三是滞后性。固定源通过管网或明渠直排环境，立即对环境质量产生影响，而农业面源污染受到生物地球化学转化和水文传输过程的影响，农业生产残留的氮磷等营养元素会先在土壤中累积，然后缓慢向外环境释放，对受纳水体质量影响是滞后的。四是双重性。固定源成分复杂，直接对人体和环境造成严重损害，而农业面源污染以氮、磷营养物质为主，在被农作物充分利用的前提下是一种生产资源，但是进入受纳水体或在土壤中持续累积的那部分物质才被视为污染物。

需要注意的是，我国在推进面源污染防治工作时，"面源"的含义实际有所扩大，把在理论上不完全属于"面源"范畴，但在农村地区确实存在的某些"微点源"污染源也包含进面源污染的涵盖范围，如规模以下养殖场未集中处理的畜禽粪便造成的污染等。因此，在制定和实施面源污染防治政策时，会出现为解决实际"点源"污染而采取的一些措施和目标要求。考虑到类似"点源"或"微点源"仍属于农业生产中未治理或不规范治理而排放的污染，可通过管理规范解决，本书讨论的面源污染不仅包含了学术意义上的面源污染，还包括我国农业农村生产过程中"微点源"产生的面源污染。

3. 三峡库区范围界定

我国三峡库区是较为特殊的地理单元，虽然没有划定物理边界，但却有国家政策确定的以行政边界划分的区、县或乡镇区域的范围，主要是为方便实施三峡工程所涉及的移民搬迁、产业迁建以及后扶工程和环境保护有关政策和规划等。多年来，三峡库区已经逐渐演变成为一个独特的地域概念，主要是指湖北、重庆坐落在三峡库区长江段边的行政市、区、县。影响区主要涉及库区尾部和上游支流地区的行政市、区、县，只有在涉及有关政策执行的范围时，才会从概念上把这些地域与三峡库区联系起来。参照国家《三峡库区及其上游水污染防治规划（2001—2010 年）》，可以从几种视角来界定三峡库区。

（1）从国家水资源战略保护视角

国务院《三峡库区及其上游水污染防治规划（2001—2010 年）》将三峡库区及其上游范围划分为三峡库区和重庆主城区（库区）、三峡库区影响区（影响区）、三峡库区上游地区（上游区）三个部分（见图 1–1），其中：

三峡库区：东起湖北省宜昌市，西至重庆市江津区，共包含 29 个县市区。具体包括，湖北省的巴东县、秭归县、兴山县和夷陵区，重庆市的江津区、长寿区、涪陵区、武隆区、丰都县、石柱县、忠县、万州区、开州区、云阳县、奉节县、巫山县、巫溪县和重庆主城 9 区。库区总人口 1959.21 万，其中农业人口 1423.71 万，占库区总人口的 72.60%；库区土地总面积 5.8 万 km²，耕地面积 101 万 hm²。2009 年 9 月 15 日三峡工程进行 175m 试验性蓄水成功，其后三峡水库投入正常运行。目前正常蓄水位 175m，总库容 393 亿 m³，回水末端至重庆江津花红堡，是长 667km，均宽 1100m 的河道型水库。

三峡库区影响区：包括湖北省、重庆市、四川省和贵州省的部分地区。具体包括，湖北省利川市、神农架林区、远安县和宜昌市区，重庆市的合川区、永川区、璧山区、铜梁区、潼南区、大足区、荣昌区、綦江区、万盛区（现与綦江区合并）、南川区、梁平区、垫江县、彭水县、双桥区（现与大足区合并）和黔江区。

三峡库区上游地区：包括三峡库区及其上游范围，包括从四川省宜宾市到湖北省宜昌市的长江干流江段，以及上游区的四川、云南、贵州三省岷江、沱江、金沙江、嘉陵江、乌江等主要流域，控制面积 100 万 km²，占长江流域面积的 56%，年均径流量达 4510 亿 m³，约占长江年总径流量的 49%。三峡库区及其上游流域则共同组成了三峡流域。三峡水库作为我国的战略水资源库，保证其水环境安全具有十分重大的现实意义。

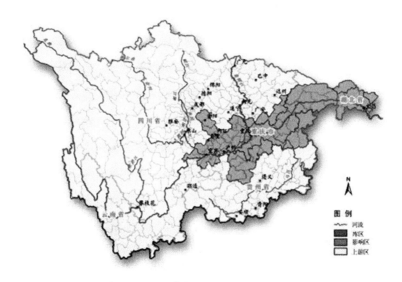

图 1-1 三峡库区及上游流域示意图

（2）从长江干支流流经区域视角

从长江干支流及其流经区域看①，重庆三峡库区及影响区辖的38个行政区县（19个区②和19个县③）中，长江直接流经的有22个区县④；长江一级支流嘉陵江和乌江直接流经的有8个区县，綦江区、合川区、永川区、璧山县、梁平县、垫江县、酉阳、彭水；长江一级支流嘉陵江和乌江未直接流经、但其二级支流直接流经的有8个区县，分别是大足区、黔江区，南川区、潼南县、铜梁县、荣昌县、城口县、秀山县；长江一、二级支流均未流经的区县有黔江县、城口县和秀山县共3个区县；长江流经但不属于三峡库区，而属于三峡库区影响区的是永川区。

（3）从三峡水利工程建设视角

三峡库区因三峡水利工程建设而来。三峡库区西起重庆市江津区、东至湖北省三峡大坝及宜昌市共600公里的长江水域，还包括因三峡工程175米蓄水所淹没涉及的地域以及工程需移民安置的范围。因此，三峡库区包括了受三峡工程直接淹没影响的重庆市黔江区、酉阳县、彭水县、秀山县、万州区、忠县、武隆区、长寿区、巫山县、巫溪县、涪陵区、江津区、丰都县、梁平县、垫江县、奉节县、云阳县、开县、石柱县、城口县以及重庆市主城区，湖北省宜昌县、秭归县、兴山县、巴东县。

三峡库区影响区指渝西地区，包括大足区、南川区、潼南县、铜梁县、荣昌县。

---

① 资料来源：重庆市河流基本情况（重庆市水利局）

② 万州区、涪陵区、渝中区、大渡口区、江北区、沙坪坝区、九龙坡区、南岸区、北碚区、綦江区、大足区、渝北区、巴南区、黔江区、长寿区、江津区、合川区、永川区、南川区

③ 潼南县、铜梁县、荣昌县、璧山县、梁平县、城口县、丰都县、垫江县、武隆区、忠县、开县、云阳县、奉节县、巫山县、巫溪县、石柱土家族自治县、秀山土家族苗族自治县、酉阳土家族苗族自治县、彭水苗族土家族自治县

④ 巫山县、巫溪县、奉节县、云阳县、开州区、万州区、忠县、涪陵区、丰都县、武隆县、石柱县、长寿区、渝北区、巴南区、江津区及重庆核心城区（包括渝中区、北碚区、沙坪坝区、南岸区、九龙坡区、大渡口区和江北区）

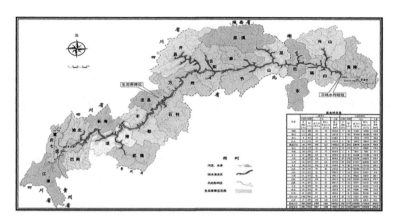

图1-2　三峡库区范围

（4）三峡库区的范围划分

从不同视角划分的三峡库区的范畴各有不同，在三峡工程中把三峡水库涉及的行政区作为"三峡库区"的确切范围，包括湖北省的巴东县、秭归县、兴山县和夷陵区，重庆市的江津区、长寿区、涪陵区、武隆区、丰都县、石柱县、忠县、万州区、开州区、云阳县、奉节县、巫山县、巫溪县和重庆主城9区（见图1-2）。本书中涉及除三峡库区之外的其他区县，都可视为三峡库区影响区。由于影响区包括了除库区外的重庆市辖区内的所有区县，所以三峡库区及其影响区几乎可以用重庆市辖区来直接指代，并且因湖北省库区的四个区县在统计数据方面存在相关统计数据因未纳入统计范畴导致缺失、遗漏、统计口径不统一等问题，造成统计数据的采集层级和口径归属困难难以采集使用和分析，理论文献关于三峡库区环境问题的研究大多采用重庆市发布的市级统计数据，替代三峡库区生态环境保护和经济社会发展数据。因此，在本书后续研究中，对三峡库区研究范围的划定若无特殊说明，一般包括库区核心区和影响区，在数据采集和分析中使用重庆市统计数据。

（四）研究思路

遵循提出问题——分析问题——解决问题的研究思路。首先，对三峡库区农业面源污染及治理现状、污染特征及治理难点进行分析，找出三峡库区相较于一般地区在农业面源污染影响因素、治理内容方面存在的区域特征。其次，通过面源污染及治理理论分析、国内外农业面源污染治理的实践探索和经验总结，为三峡库区农业面源污染治理提供方法、路径和政策参考。再次，从我国农业面源污染治理政策以及针对三峡库区的污染治理政策及其演进阶段，对不同时期我国面源污染治理政策进行思考总结，并对三峡库区面源污染治理政策的实施情况、实施重点、实施效果进行研究。接着，对三峡库区近年来开展的典型类型面源污染治理项目进行具体分析，综合分析面源污染治理技术、工程、管理等的应用实践。最后，提出优化三峡库区农业面源污染治理的政策建议（见图1-3）。

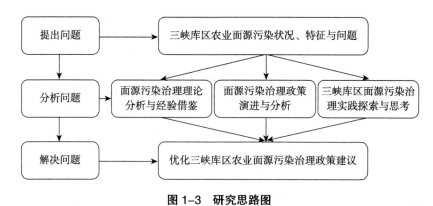

图1-3 研究思路图

二、农业面源污染治理的
理论研究与治理实践

（一）农业面源污染及治理的基本观点

1. 农业面源污染已成为水体污染的重要来源

农业部在《重点流域农业面源污染综合治理示范工程建设规划》（2016—2020）中阐述基本情况时描述我国农业面源污染主要来源：一是畜禽水产养殖。每年畜禽粪污产生量约 38 亿吨，综合利用率不到 60%。水产养殖过程中大量饵料、养殖用药的使用，造成集中养殖区域水环境污染。二是化肥过量使用及有效利用率不高。2015 年，化肥使用量 6022 万吨，利用率仅为 35.2%，尤其是果园和设施蔬菜化肥过量施用现象较为突出。三是农药的过量使用与有效利用率不高。农药使用量近年来稳定在 30 万吨（按有效成分折算）左右，农药利用率为 36.6%。四是秸秆回收利用率有待提高。统计数据显示，2015 年，我国秸秆产生量 10.4 亿吨，综合利用率达 80.2%，但就区域来看，北方的利用率普遍较高，南方特别是山区丘陵地带利用率有待提高。未被利用的秸秆，随意丢弃或露天焚烧，造成环境污染和资源浪费。五是废旧地膜回收率较低。2015 年，农用地膜使用量 145 万吨，当季农膜回收率尚不足 2/3，农田"白色污染"问题日益凸显。

实际上，我国水环境与土壤主要受农业面源污染的影响，水体污染中氮、磷主要来源于农业面源污染已经有较长时期。2007 年，全国农业源的有机污染物中化学需氧量、总氮和总磷排放分别达到 1320 万吨、270 万吨和 28 万吨，分别占全国排放总量的 43.7%、57.2% 和 67.4%。其中畜禽养殖源占农业源 COD 的 96%，是农业面源污染的主要"贡献者"。2010 年 2 月，环境保护部等三部委公布的《第一次全国污染源普查公报》显示，农业面源污染物排放对水环境的影响较大。环境保护部发布的《2012 年中国环境状况公报》显示，2012 年全国废水排放中农业 COD 排放量为 1153.8 万吨，占总排放量的 47.6%；农业氨氮排放量为 80.6 万吨，占总排放量的 31.8%。

表 2-1 《第一次全国污染普查公报》中农业源污染物排放量

项目	污染源个数	化学需氧量（万吨）	总氮（TN）（万吨）	总磷（TP）（万吨）
农业污染源	2899638	1324.09	270.46	28.47
污染源总计	5925576	3028.96	472.89	42.32

注：普查对象总数 592.6 万个，包括工业源 157.6 万个，农业源 289.9 万个，生活源 144.6 万个，集中式污染治理设施 4790 个。

畜禽、水产养殖，化肥、农药和农膜等农用化学品投入是污染主要来源。与工业点源污染通过集中排污口直接进入水体不同，农业面源污染为分散排放，并且其污染过程从农业生产行为到排放，最终到影响环境也不是简单的直接因果关系。研究表明，我国农田化肥中 35% 的氮在当季被作物利用，剩余绝大部分被留存农田土壤中，少量流入沟渠，最终仅有不足 5% 通过径流进入地表水体。因此，我国农业源污染物尽管总体排放总量较高，但真正进入水体的量仍非常有限。但在三峡库区，由于农业地形以坡地为主，施肥季后若遇多雨天气，化肥流失变成面源进入水体的比例是高于全国平均水平的。

2. 农业面源污染对土壤安全构成严重威胁

除水环境外，农业面源污染对农业赖以生存的自然资源特别是土壤本身产生严重污染的威胁，直接影响到我国农业未来的发展。农业生产中化肥、农药和农膜等使用的超量和不合理，致使目前我国至少有 1300 万~1600 万公顷耕地受到严重污染（具体施用量情况见表 2-2）。土壤酸化、有机质降低，缺素面积比重增加，土壤养分失衡，使土地肥力降低、退化严重，造成耕地资源隐形流失，最终危及我国的农业安全（张士功，2005）。农业面源污染的危害还包括农产品质量安全、大气污染等，直接影响和危害人类健康和生存安全。

表2-2   1990—2018年主要年份全国农用化肥、农药、塑料薄膜等使用情况

单位：万吨

年份	化肥施用量	农药使用量	塑料薄膜使用量	柴油使用量
1990	2590.3	73.3	48.2	
1995	3593.7	108.7	91.5	1087.8
2000	4146.4	128.0	133.5	1405.0
2016	5984.1	174.0	260.4	2117.1
2017	5859.4	165.5	252.8	2095.1
2018	5653.4	150.4	246.5	2003.4

数据来源：《中国统计年鉴》，《中国农业年鉴》

3. 农业面源污染治理需要精准识别污染源

开展农业面源污染治理首先要研究治理对象，需要以流域为单元进行农业面源污染负荷核算与关键源区识别（王萌等，2020）。负荷核算的目的是为摸清流域内各类污染源对水环境质量的影响程度，关键源区识别的目的是准确找到对水环境质量影响最大的污染源空间分布特征。农业面源污染的产生及运移过程受自然地理条件的影响最大，并且同一流域内，不同区域的污染负荷也存在很大差别。通常情况下，流域面积10% ~ 20%的区域贡献了80%左右的流域面源污染负荷量，这些污染负荷较高的区域被称为关键源区。因此，农业面源污染防治中，主要污染因素和关键污染源区识别是两大主要任务，具体方法包括实地监测和模型模拟两大类，模型模拟计算方法有排污系数法、水量水质耦合模型计算法等（李家科，2010；周刚，2014；葛铭坤，2020）。

其次是对主要污染因素和关键污染源区的识别。要实现农业面源污染的有效治理，需要采取适当的技术手段对农业面源污染的发生机理和传输过程进行科学分析和评估，找到农业面源污染的关键源区，采用适当的工程型或非工程型治理措施，并辅以必要的强制监管和经济激励政策，以达到水生态环境保护的目标质量要求。核心环节包括：（1）农业面源污染负

荷估算；（2）农业面源污染对水环境质量影响的必要监测；（3）农业面源污染关键源区识别（Critical Source Areas，CSAs）；（4）农业面源污染治理措施效果预评估与筛选；（5）农业面源污染治理措施空间优化配置与成本效益分析；（6）将筛选及评估出的治理措施通过工程或非工程模式落地实施；（7）农业面源污染治理的政策与激励机制。

（二）农业面源污染及治理的理论分析

1. 农业面源污染产生的经济学机理

（1）宏观层面

"城乡二元经济社会结构"约束与"追求增长"发展观。受国际绿色革命和农业现代化的影响，我国具有循环性、生态平衡、对环境友好的传统农业被逐步改造成为依靠化肥和农药来保证产量持续增长的所谓"现代农业"。舒尔茨认为"发展中国家的经济成长，有赖于农业的迅速稳定增长，而传统农业不具备迅速稳定增长的能力，出路在于把传统农业改造为现代农业，即实现农业现代化"。而现代农业是以工业化为支撑，建立在大量技术、资金和物质投入基础之上的资源集约型农业，这种集约农业生产模式易对环境造成污染，使经济成长过程伴随农业污染的增加（万洪富，2005）。

近几十年来，我国大力推行以增产为核心的农业发展战略，提出了"高产、优质、高效"的农业发展方针，不断加大农业开发强度，化肥、农药、农膜等得到了广泛应用，畜牧养殖业的规模化水平和生产总量不断提高，由此带来的环境问题逐渐显现并呈恶化趋势。一直以来，很多学者对此发展观进行反思，温铁军（2007）指出我国农业发展是"只要增长不要发展"，中国的耕地只占全世界的7%，其中"水土光热"等农业自然资源匹配的土地只占国土面积的9%，在基本国情矛盾制约下的经济规律是不可逆的：越是在农业资源短缺的情况下追求农业的增长，其结果就越会导致化学品等各种投入的增加，投入产出就越不合理，农业和农村也就越容易失去可持续的基础，从而使我国农业成为"面源污染最广泛的行业"。洪大用（2004）认为，在很大程度上，中国特定的二元社会结构的存在和作用是造成农村面源污染问题日益严重的深层原因。他认为大量农村人口构成了对环境资源的巨大压力；在实施精准脱贫攻坚战之前[①]，我国仍有较大规模的农村人口处于贫困状态[②]，在生存与发展压力下，无力顾及农业农村污染防控；再次，劳动密集型的小规模农业生产增加了面源污染的控制难度；第四，农村中从业人员的素质较低，掌握环境知识的能力较弱，环境保护意识较差；再加上农村的环境保护长期受到忽视，环保政策、环保机构、环保人员及环保基础设施均供给不足。综上，二元社会结构的作用是农村面源污染日趋严重的深层社会原因。同时，农村面源污染的加剧又在一定程度上拉大已有的城乡二元社会结构，在环境治理能力和城乡污染治理长效等方面扩大了城乡差别，并进一步扩大了农村在环境基础设施和公共服务能力方面与城市的差别。

表 2-3　我国主要年份农村贫困人口统计表（2000–2020 年）

年份	1978 年标准		2008 年标准
	贫困人口（万人）	贫困发生率（%）	贫困人口（万人）
2000	3209	3.5	9422
2001	2927	3.2	9029
2002	2820	3.0	8645
2003	2900	3.1	8517
2004	2610	2.8	7587
2005	2365	2.5	6432
2006	2148	2.3	5698

① 2017 年 10 月 18 日，习近平总书记在十九大报告中提出：要坚决打好防范化解重大风险、精准脱贫、污染防治的攻坚战，使全面建成小康社会得到人民认可、经得起历史检验。2018 年 3 月 5 日，提请十三届全国人大一次会议审议的政府工作报告将三大攻坚战"作战图"和盘托出：推动重大风险防范化解取得明显进展、加大精准脱贫力度、推进污染防治取得更大成效。2021 年 3 月 5 日，政府工作报告宣布 2020 年三大攻坚战主要目标任务如期完成。

② 改革开放四十年来，我国贫困人口数量从 1978 年末的 7.7 亿人，下降到 2017 年末的 3046 万人，累计减贫 7.4 亿人，年均减贫人口规模接近 1900 万，贫困发生率也从 97.5% 下降到 3.1%，对全球减贫的贡献率超七成。

年份	1978 年标准		2008 年标准
	贫困人口（万人）	贫困发生率（%）	贫困人口（万人）
2007	1479	1.6	4320
2008			4007
2009			3597
2010			2688/16566（新）
2011			12238
2012			9899
2013			8249
2014			7017
2015			5575
2016			4335
2017			3046
2018			1660
2019			551
2020			—

注：① 1978 年标准：2000—2007 年称为农村绝对贫困标准。② 2008 年标准：2000—2007 年称为农村低收入标准，2008—2010 年称为农村贫困标准。③据国家统计局全国农村贫困监测调查，按现行国家农村贫困标准测算，2019 年末，全国农村贫困人口 551 万人，比上年末减少 1109 万人，下降 66.8%；贫困发生率 0.6%，比上年下降 1.1 个百分点。2020 年，我国所有贫困人口全部退出。

（2）中观层面

负外部性、"公地悲剧"及治理成本高。农村环境在经济学特性上属于准公共产品。农村环境这种准公共物品的属性，使得该资源的使用权是所有人共同拥有，任何人可以不受限制地使用，这就导致每个人都会产生快速消耗这种资源的动机，从而带来公众对资源的过度索取，产生"公地悲剧"（Tragedy of the Commons）。在经济学的分析中，环境资源的社会成本等于私人成本与外部成本之和，即社会成本（SC）= 私人成本（PC）+ 外部成本（EC）。在现实生产和决策中，生产者往往不考虑外部成本的存在，外部成本由本应由生产者承担转移到农业生态环境和社会身上，产生农业环境资源过度利用、农业生产污染物过度排放、有污染的产品过度生产等。农业面源污染像其他环境问题一样具有很强的负外部性。陈红、马国勇（2007）分析了农业面源污染的负外部性会带来生产过剩的问题。农业面源污染治理实际就是对其外部成本内部化的问题，由于单纯依靠市场机制无法完成外部成本内部化过程，会产生"市场失灵"，政府的治理措施往往难以精准到位，导致"政府失灵"现象较为普遍，从而产生严重的农业生产投入品滥用和环境污染问题。这已经成为经济学领域农业面源污染形成机制研究的共识，如苍靖（2006）、杨凤娟（2007）、蔡新源（2009）和周早弘（2007）等的研究。马云泽（2010）也从规制经济学的视角分析认为，中国农村环境污染问题的根源是"市场失灵"和政府的"规制失灵"。

监测和管理成本高昂，也是农业面源污染防治困难的重要原因。与通过排污口排放的点源污染不同，农业面源污染是由分散的污染源造成，其污染物质来自大面积或大范围、缺乏明确固定的污染源，污染排放点不固定，排放具有间歇性。这使得农业面源污染物的来源、污染负荷等均存在很大的不确定性。同时，由于降水的随机性和土壤结构、农作物类型、气候、地质地貌等其他影响因子复杂多样，农业面源污染的发生又具有随机性和广泛性，不能用常规处理方法改善污染排放源。污染物缓慢不断地进入水体、土壤和空气，只有积累到一定程度才会显现，使其具有不易察觉性。上述特点使得面源污染难以被监测和进行客观评价，使面源污染控制变得困难。

（3）微观层面

农户生产行为。农户是农业生产行为主体，他们持续增加的化肥、农药、薄膜投入及农村养殖业的发展是造成农业面源污染日益严重的直接原因。农户坚持"高投入高产出"的生产行为的深层次原因来自宏观层面和中观层面，但从农户的微观层面来说还有很多影响因素。

一是生存和发展的压力。农户迫于生计和发展，需要从农业中获得较高的收益，从而不断增加农药、化肥投入，给农业环境带来污染。樊胜岳（2005）认为，农户的生态意识较为理性，农户收入减少是导致生态保护政策失败的根本原因。冯孝杰等（2005）对农户经营行为的分析表明，生产经营私人利润最大化与社会福利最大化背离，是产生农业面源污染的首要原因。

二是农业经营行为短视化。农户不管农业和环境是否可持续，只保证当年的收益水平，从而导致化肥、农药的过量投入。这一问题产生的原因主要有：一方面与土地产权制度有关。何凌云（2001）研究了土地产权制度安排对农业生产投入的影响，认为农民在自留地和口粮田上更愿意比责任田和转包地多施用对保持地力有长期功效的有机肥，而施用化肥比较少；土地使用权越稳定，对土地投入的长期性行为越显著，而使用权越不稳定，短期性行为越突出。钟太洋、黄贤金（2004）探讨农户水土保持行为与农地产权要素的关系表明，对农户的水土保持决策有明显影响的因素是村内转包权、抵押权、有无土地租赁、农户对水土流失的感知等。另一方面因兼业化所致。张欣、王绪龙、张巨勇（2005）认为，经营行为短期化导致农业生态环境的恶化，农户的兼业行为导致粗放经营，小规模经营制约了农业科技的应用与推广。冯孝杰等（2008）认为，农业面源污染负荷总体上随农户经营粮食、蔬菜规模的扩大而变小；粮食生产规模在0.2～0.33公顷、蔬菜生产规模在0.12～0.19公顷时，农业面源污染负荷随经营规模的扩大不是减小而是变大，污染负荷系数曲线在该范围内出现一个波峰，主要原因是该经营规模内农户投入的化肥、农药量相对较大，而田间管理不足。适度经营规模可以通过提高农户精心经营程度，促进化肥、农药等相对合理施用及农户对农田的管理效应，进而减少农业面源污染负荷。张云华等（2004）发现，采用绿色农药的农户寥寥无几。可见农户对面源污染的认识非常淡泊，基本不认为农业的发展会给环境带来污染，也不会有意识地控制和减少化肥和农药的投入。

三是农村劳动力缺乏，接受新技术能力弱，施肥施药违规操作情况时有发生。何浩然、张林秀（2006）分析非农就业、施用有机肥、参与农业技术培训等因素对化肥施用量的相关性研究表明，非农就业、农业技术培训与化肥施用水平呈正相关关系。乡镇机构改革后，原先的农业技术服务和推广机构人员流失，功能瘫痪，农民得不到细致的、以保护环境为导向的农业技术指导，导致滥用化肥和农药。在重视农业面源污染治理的大环境下，加强农业公共技术服务宣传和支持力度，农业公共技术服务发挥了重要作用。目前，我国以小农户为主的农业经营主体仍是主流，农村劳动力流失导致的农村常住人口老龄化问题突出，受教育水平普遍较低，对农业经营管理新技术的掌握能力不强，施肥施药违规操作情况时有发生，特别是在山地农业经营区较为普遍。

2. 农业面源污染治理的理论依据

（1）多中心治理理论

20世纪90年代，以奥斯特罗姆为代表的制度分析学派提出了"多中心治理理论"，在许多社会问题的解决方式上产生重要影响。多中心治理理论主张，在解决公共问题时，倡导相互依存的利益群体根据实际情况，按照事先确定的制度规则进行行动和力量的组合，以实现解决问题方式的灵活性和自主性，提高问题解决的成效，高度自主性治理是"多中心治理的关键"，因此多中心治理理论也被部分学者称为"公共事务自主治理的制度理论"。多中心治理模式倡导跳出单一治理的狭隘思路，主张参与公共事务的所有主体，通过发挥各自优势既充分保证政府在公共问题处理上的主导优势，又充分发挥市场灵活性以及社会组织较强回应性、贴近民众、专业水平高的特点，实现各主体在问题解决上的互补优势。倡导政府机构、市场、社会等各主体在公共事务管理上分别根据自身所应承担的责任制定符合实际的制度，并通过相应制度的实施，实现协同共治，因此，多中心治理模式具有权力分散以及交叠管辖的特征。在农业面源污染管控中引入多中心治理理论，应积极鼓励政府、社会组织、农民和社会公众共同参与到农业面源污染的治理中，这样既能提高管控效果又能克服政府单方治理的弊端。

（2）协同治理理论

协同治理指政府与企业、社会组织或者公民等利益相关者，为解决共同的社会问题，以比较正式的适当方式进行互动和决策，并分别对结果承担相应责任。协作治理理论既强调公共问题治理主体要有多元性，又强调多元主体协作的重要性。该理论认为，任何公共问题的治理主体除了政府机构，其他追求各自利益的非政府组织、媒体、企业、公民个人等都要包含在内。因此，协同治理体系是一个复杂体系，它建立在人际关系之上，以明确的合作制度为连接各主体的纽带，体系内的各主体还必须承担相应的责任和义务。在协同治理理论体系中，各主体都有自己的责任，能最大限度整合各种资源，实现协同增效。这就要求政府转变管理方式，更多地注重与企业和社会公众协商合作，政府的掌控职能被进一步弱化，协调职能增强，政府需要采取措施引导其他治理主体参与到公共事务中来，以实现协同共治，这样一方面提高了政府决策制定的科学性，另一方面对顺利推行和落实相关决策也具有重要推动作用。

（3）机制设计理论

机制设计理论是由赫维茨提出，马斯金和迈尔森进行发展和完善的。其理论核心是如何在信息不对称和分散的情况下，通过激励相容的机制设计对资源进行有效配置。农业面源污染管控就是在农业污染信息不完全，农业生产分散的情况下，设计一种机制既能有效激励国家和政府对农业环境的管理，又能激励农业生产者合理使用化肥、农药等化学农用品，使个人利益和社会利益相一致，实现经济效益和环境效益的双赢，有效控制农业面源污染。农业面源污染的管控机制很多，应该从中寻找一个管控成本低，农业生产者容易接受，管控效果好的最优直接机制，取代复杂、繁琐的管控机制。农业面源污染的管控机制只有在所有农业生产者都认为是最好的，并无人持相反意见的情况下，才能得到农业生产者的认可，也才能在实践中得到贯彻实施。金书秦等（2013）在论农业面源污染的产生和应对时运用文章中采用的 Williamson 的制度分层理论，从农业制度环境、农业经营方式、市场机制等角度，论述我国在农业生产管理和市场化等环节的激励机制及其对农业面源污染防治产生的实际作用，认为完善的行为激励制度设计与环境友好型技术进步是未来农业面源污染防治的有效路径。

3. 农业面源污染治理的制度困境

（1）制度环境鼓励了化学品过量使用

土地产权制度决定了人们对土地资源利用的态度，并进一步影响农户的涉环境行为。经营者对资源开采或利用的程度取决于其对该项资源的贴现率评价，产权的安排则决定经营者对土地的贴现率评价，产权状况越稳定，贴现率越低，越有利于可持续的利用，反之不稳定的产权安排则容易使经营者倾向于在短期内获利（金书秦，2011）。土地经营的稳定性有利于农户从长期收益考虑，进而采用对环境友好的技术或产品，以确保土地的持续生产力。我国实行的土地承包经营制度以30年为承包期，并不断延长，这在一定程度上保证了土地经营的稳定性。但由于我国人多地少，土地的细碎化使得测土配方、合理轮作、统防统治等环境友好型技术措施实施的成本极大。另外，土地流转制度的不完善，土地租赁行为的短期性和非合约化，容易使农户对于承包的土地采取掠夺式生产（向东梅，2011）。

在农业发展政策方面：近年来为促进农业发展、农民增收，我国出台了大量惠农政策，这些政策在带来增产和增收效果的同时，一定程度上加重了农业面源污染（王宁等，2010）。例如对化肥等农资在生产、运输和消费等环节实施的优惠和补贴政策刺激了化肥的过量使用（黄文芳，2011）。由于长期过度的化学投入，土地持续生产力下降，为了保证产量，农业发展进入"化学陷阱"。国际上也不乏相似的例证，农业补贴多的国家比那些补贴少甚至没有补贴的国家使用了多得多的化肥（Anderson等，1992）。

（2）农业经营方式演变对环境的负面影响

农户以何种形式组织实施农业生产和经营，对其化肥、农药等物资投入、畜禽粪便的处理方式有重要影响。一方面，农业经营主体尽管从单一走向多元，新型主体不断涌现（陈春生，2007），但是我国农业还未发展到必须更换经营主体的时候（陈锡文，2011），农户仍然是农业生产的基本经营单位。即便在未来，小规模的家庭农场将会在相当长时期延续下去，这既是出于我国独特的制度环境，也是出于小规模农业在种养业方面的多重优越性（黄宗智，2010）。然而，小规模的家庭经营往往使得使用环境友好型技术的成本极高，不利于面源污染的防治。另一方面，不断涌现的新型经营主体往往呈现专业化的特征，种养结合下的循环农业难以实现。大量研究表明，随着畜禽养殖业由散养向专业化养殖转变，畜禽粪便的利用率逐渐下降，畜禽粪便对环境的污染有日趋加重的趋势（苏杨，2006；黄季焜等，2010）。

畜禽养殖污染防治举步维艰的主要原因有三：第一，目前的环境政策规制的对象仍然主要是工业污染源，针对农业特别是畜禽养殖污染的政策措施、排放标准、监管机构都存在一定的真空；第二，养殖专业化后种养分离较为普遍，还田利用率降低（仇焕广等2012）；第三，市场波动、疫情频发等因素致使我国畜禽养殖企业本身的生存和发展能力有限，更无暇顾及污染防治。每次发生较大畜禽疫情之后，都会带来要求放松污染治理的压力。

（3）市场逆向激励不利于环境友好型农业发展

市场是一种特殊的制度安排（Elinor Ostrom，1992；Williamson，2000），市场机制直接地影响农户的决策行为，不当的市场激励则会加剧面源污染的产生。近年来，我国快速的城镇化进程促进了劳动力市场的发育，大量农村劳动力获得非农就业的机会，农业俨然成为农民的"副业"。1990年农民年工资性收入为138.80元，占人均纯收入的20.22%；2011年农民年工资性收入为2969.43元，占42.47%，与之相应的是农业收入的比重从1990年的66.45%下降到2011年的36.12%。劳动力稀缺、非农收入增加，使农民不愿意将劳动力分配到繁重而收效较慢的劳作中（如使用农家肥），他们更加愿意选择省事、见效快的化学肥料（巩前文等，2008）。在主要粮食作物的种植过程中，我国农户化肥的施用量已经不符合利润最大化的理性假设（彭超，2012）。化学物资的大量使用造成了污染，还使得畜禽粪便没有合理的出路，变"宝"为"废"。

另外，由于市场不完善、信任缺失，导致环境友好型农产品存在"柠檬市场"。我国绿色农产品、有机农产品在认证和监管体系建设方面仍然薄弱，消费者高价未必能够买到优质的产品，加上农产品的同质性较高，市场以次充好的现象时有发生（如某国际知名超市在国内城市以普通猪肉冒充绿色猪肉事件），严重打击了消费者对绿色农产品的信任。由此带来的恶性后果是那些真正的绿色、有机农产品在市场上得不到相应的溢价，最后形成"柠檬市场"，阻碍环境友好型农业的发展。

农业面源污染具有负外部性，只有在制度环境约束条件下，把负外部性转化为内部成本，并对农户生产行为进行激励，才是农业面源污染有效管控的前提。政府的政策就是要让正确的矫正措施对农户行为进行有效激励，转变农业经营的不当行为。激励可以分为正激励和负激励，内容可分为物质激励和精神激励。正激励是指因农户减少农业污染的行为使其收益增加或社会评价提升，包括补贴、奖励等方式，如对农户使用有机肥、生物农药等减少农业污染的行为进行补贴；对保护农业生态环境的行为进行奖励。负激励是指因农户的污染行为减少其经济收入或降低其社会评价，比如，对农户污染行为征收资源环境税可导致农户收益减少，通过批评使农户的社会评价降低等。

（三）国外农业面源污染治理实践

在世界范围内，农业面源污染问题都具有普遍性。Dennis 在 1998 年的研究中认为 30% ~ 50% 的地球表面已受到面源污染的影响。特别是对于农业生产面积占国土面积比重较大的国家来说，政府部门、农业政策研究者和环境保护组织及其人员一直把农业面源污染作为长期关注的重点领域，对治理技术、治理工艺、治理政策和政策效果评估一直也是面源污染治理的重要内容。特别是政府环境保护部门及其研究单位，都对国内外重点区域、流域的面源污染治理的情况效果研究较多，也有很多探索试点，积累了有效的研究成果和治理经验。

1. 美国州一级农业面源污染防治政策

在美国，州一级政府更多的是通过利用规划和调控等手段来解决农业面源污染的。一方面从基于农业面源污染监测的不确定性角度出发，另一方面也从照顾农业经济薄利的角度考虑。具体而言可分为三大类方案：（1）自愿性方案，由国家提供财政或技术援助；（2）市场性方案，主要是指水质的交易程序；（3）税费管制方案，如征收农药、化肥税等。这些方法在美国实施 40 年来产生了一定的效果。

（1）自愿性方案。自愿性方案以自愿为原则，通常包括最佳管理实践 BMP（The Best Management Practices）与生态服务付费 PES（The Payments for Ecosystem Services），由国家提供财政或技术援助。

最佳管理实践。20 世纪 80 年代，针对农业面源污染的严重性，美国环保署与美国农业部开展了全国性的策略研究，1987 年在《清洁水法》修正案的 319 条款中专门创设了关于农业面源污染的控制与治理，确定使用最佳管理实践 BMP 方式。

BMP 是指任何能够减少或预防水污染的方法、措施或操作程序，包括工程和非工程的操作和维护程序。工程程序主要包括增加湿地、植被缓冲区、降低污水地表径流速度、拦截降解沉降污染物等；非工程程序是指开展农民教育，奖励农民自觉使用环境友好技术。工程程序主要是指环境质量激励项目（EQIP）和保护管理项目。环境质量激励项目，就是由美国农业部自然资源保护局为生产者实现提高农产品产量和环境质量的双重目标提供资金和技术方面的支持，项目以成本分担和奖励两种形式帮助农民实施和管理。保护管理项目，则为农业生产者因环境保护行为（如安装、改装设备、轮作等）而额外支出的费用提供补偿，补偿标准根据这些行为的额外花费、农民损失和生态环境效益来确定。非工程程序主要是指针对农民的培训和教育。

一般来说，农民可能主要关心经济利益，环保主义者更多关注环境问题，两者之间的观点分歧不利于农业面源污染减排政策措施的制定和执行，但有一种方法可以促成经济利益和环保要求更好地结合，那就是通过让大家共同对环境问题、经济问题进行关注，使经济和环保目标一致，从而产生协调的行为。比如对农民宣传环境问题，几乎所有农民都会因为环境排放所导致的显著气候变化问题而受到不同程度的影响，全球不断上升的气温会影响作物生产的许多方面，使农业面临生产力的下降——更多的杂草，更大的害虫风险，农民便会不得不投入更多的农药与化肥，从而又加剧了农业对水质的污染，导致水体富营养化和藻类增加，环境进一步恶化，并加剧气候问题，这是一种恶性循环。而农民要想提高经济效益，就必须关注环境问题。作为环保主义者，也要宣传解决环境问题能够达到提高经济效益的目的——农民与环保主义者的利益应是相通的。运用这种教育方式，可以让农民意识到环境的重要，将保护环境的行为内化到其追求经济效益行动中去。迄今为止，美国大多数州都主要依靠推广使用最佳管理措施，从管理农业径流方向去解决水质恶化问题。不过，实施最佳管理措施需要很高的项目运行成本。像工程程序要获得一个特定效果的目标，取决于很多因素，包括作物类型、土壤类型、坡度，是否靠近水体以及雨量大小和降雨的时间等。

生态服务付费。为实现改善水质目标，美国还采用了另一种自愿性方案，就是生态服务付费。PES 是一种以激励为基础的政府项目，是美国 2008 年修订《农业法案》时提出的。现代的大型商业化农业的快速发展，在创造经济效益的同时也给环境带来了负面影响。作为农业管理系统可依据 PES 给水域沿岸清洁含水层补给区，对原生栖息地之间缓冲区域的农业经济的生态行为给予资金资助。这种项目的好处是预防性质的，与那些后期治理措施相比，不必花费巨大的款项来建设实物性的处理设施。采用对农民实施生态有益行为支付资金的方式去解决农业面源污染，可能更经济更高效。美国政府就一直通过财政支持，鼓励和引导农民采取更有利于环境的生产方式开发经营绿色农业。2003 年在美国总统布什向国会的提案中，对全国 20 个重点流域治理增加了 7% 的预算，用于加强对流域面源污染治理方法的相关研究。如佛罗里达州中部，有一个针对大型养牛业的生态有偿服务项目，这个养牛场在很大程度上会造成最敏感的沼泽地——奥基乔比湖的富营养化。在 PES 计划中，农场主减少磷使用负担的生态服务就可得到政府的资金补助。这种方案是可以互利的，因为农民可以因自己的生态行为得到补助，而政府也可以因少了水域污染可以减少后期清理的支出费用。当然，PES 也有其局限性，主要是需要联邦或州政府不停给予补助，对政府来说一直存在财政压力。因此，美国一直努力促进私营部门对生态管理实践提高认识，推动产生新的融资机会，使对生态系统服务付费成为一种基本和普遍的理念。

（2）市场性方案。此外，美国一些州在尝试以市场为基础的方法，以减少农业面源污染，即点源污染与面源污染的水质信用交易方案。点源污染与面源污染交易，需在单一或多个点源与单一或多个面源之间订有交易协议。交易的基本前提是：点源污染者已经将污染调减到了一定程度，任何额外的减排将需要更加复杂和昂贵的技术和成本，而由于农业面源污染未显著降低，还要有可实现减排的便宜技术。交易的具体方法是：通过实施最佳管理措施，将农业面源污染负荷降至已建立的基线值之下，并将产生的排污削减信用额度销售给点源，交易后，点源可以以较低成本来达到水质污染物的排放限值。当然，交易要能顺利进行还必须有两个关键点：一是在于怎样为农业面源污染创设相应的排放许可证。因为一个流域之内的具体农业面源污染点很多，给每一个面源污染点颁发许可证非常困难，需要将小规模众多的农业面源污染点作为一个较大的集合概念来加以界定，给一组污染点（者）颁发一个许可证，让它们接受一个许可证许可的排污量，即一个排放总量许可涵盖一组面源点，一般可称为"区域处理系统"，这样在监测、评估定性、规划和执行时，可以实施统一排放标准。二是在于怎样减少农业面源污染的监测不确定性。因为监测确定农业面源污染的数值性排放值是从 TMDL 中分配份额，获得许可证的必要步骤。面源污染比点源污染在本质上更难监控，一种可操作的改进以协助监测农业面源污染的方法是采用径流监测——把离散的农业面源污染，通过采用分散排水系统收集径流后实现统一排放，而不是弥漫地排放，这样的排水系统很可能将监测农业面源污染的成本降低。区域处理系统和径流监测无疑非常有助于推动水质交易的发展。如位于俄亥俄州西南部大迈阿密河流域的大迈阿密交易计划就有这样一个 NPS（非点源污染）与 PS（点源污染）交易项目。此地区占地约 4000 平方英里，截至 2003 年大约有 1000 农户。此流域约 70% 面积专门从事农业——种植玉米、大豆、小麦，此外还有畜牧业，包括肉牛和奶牛。2003 年，流域内大约 1000 英里长的河流中 40% 以上河段不符合基本水质要求，流域内的水质在设置 TMDL 水平时，需要寻找新途径来实现 NPS 的减排，美国能源部提供金融刺激，以推行此地区的 NPS 与 PS 交易项目。2010 年，交易项目贡献超过了 120 万美元。目前美国有的州认为，点源污染与面源污染交易的手段尽管是让社会实现水污染物减排的最经济最有效的方式，但仍存在不足。主要表现在交易方案是由个别州实施，通常限于水体的特定流域，对整个流域来说还不能降低其潜在的影响；而且对于农业面源污染，虽然依靠经济利益的承诺可能吸引或诱发一些参与者，但相对于点源污染来说，缺乏基础监测标准导致交易难以规范进行。

（3）税费管制方案。实践证明，任何减少农业面源污染的措施都需要资金支持。美国各州政府进行水质污染的监测、设置营养标准、建立和分配 TMDL 都需要非常高的成本。许多农民从事农业都是薄利经营，实施最佳管理措施 BMP，即使在自愿的基础上，政府给补贴，农民自身也还是有较大的经济负担。此外，区域处理系统，如在那些大沼泽地里的农业区域的建设也非常昂贵。因此，应该考虑创造更多的财政机制。如可以通过税收形式，这种强制对使用化肥、农药等进行征税，就是一种控制农业面源污染的行之有效的手段。征税可以有两种方法：一种方法是直接对所施用的化肥与农药课税。如佛罗里达有关的法律里就规定了在佛罗里达州经销使用的化肥征税，对每一吨销售使用的化肥收取 0.50 美元的税；又如俄克拉荷马州为了激励农民将自家的家禽粪便出售，以避免在水体边上处理，对购买者经过申请可以给予每吨 5 美元的税收减免。这些税收可以用于开发、示范、实施最佳管理实践，或是作为其他合理措施的基金，以期达到国家规定的水质标准。这种类型税的一个额外好处是，增加了化肥农药使用的成本，可以起到阻碍农民大量使用化肥农药的作用，最终可能减少营养物质的污染。另一种方法是对农业区域处理系统征收农业区特权税。比如，佛罗里达州在一个征税项目中规定征收"农业特权税"，目的是"为进行农业贸易或业务的特权"实行的，1994年对每英亩的不动产进行年度评估，税负从24.89美元/英亩稳步增加到2013年的35美元/英亩。佛罗里达州的相关法律规定：如果农场主实行最佳管理措施降低磷负荷到指定水平，就会生成以最佳管理措施实现的"激励学分"，可以用来降低其农业特权税到法定规定的最低税（24.89美元/英亩）。通过这种方法，监管当局可以直接对污染者施加财产责任，而不是依赖于自愿性或激励为基础的方案，开征这些税种可以为社会提供急需的资金，以实现对农业面源污染的减排。

综合以上分析：在美国，点源污染长期以来都是通过联邦政府的集权命令——法规来控制实施的，通常以技术标准为基础；而农业面源污染主要是依靠联邦与州提供的采取自愿激励的计划或方式来实施的。各个州都有自己的治理农业面源污染实施计划的法律政策工具，一般都是将各种政策工具组合成一种连锁机制。从对美国的实践和经验研究表明，农业面源污染问题在各地的表现不完全相同，如何选择治理的政策工具完全取决于当地的环境质量、能够获得的信息量以及由谁来承担治理成本等等，但很难证明哪种政策工具是更有效的。

2. 欧盟农业面源污染及治理实践

总体来看，欧盟的农业污染情况较为普遍，污染状况也较为严重。如荷兰农业面源污染提供的总氮、总磷分别占环境污染的60%、40%～50%（Boers，1996）；在瑞典，来自农业的氮占流域总输入量的60%～87%（Lena BV，1994）；爱尔兰大多数富营养化的湖流域内并没有明显的点源污染（Foy R H，1995）。面源污染治理是欧盟生态环境治理的重要内容之一。长期以来，欧盟各国对农业面源污染的治理积累了丰富的经验。在微观层面主要有技术措施、政策法规、奖惩措施；在宏观层面主要是对于整体农村治理综合发展提出了要求和制定了相关防控措施，具体包括：

（1）定政策、投资金。欧盟为了实现农业可持续发展，在欧盟成员国内部实施了共同农业政策（CAP），颁布了很多环保法律法规，确保农业生产绿色、可循环、低污染。例如，颁布了化肥和农药登记使用制度、对于采用环境友好型生产技术的农户给予高补贴、对于各级政府增加环保方面的经费等。欧盟许多成员国政府为了减少农业面源污染物排放设立专职部门，如农业与环保部门，主要分管农业生产过程中的环保问题。除了设立专职部门从总体上制定和实施相关环保法律法规之外，欧盟成员国政府还委托当地农科院、农民协会等机构协助实施环保政策和监督其执行相关政策。欧盟每年花费大量财政预算资金用于农业面源污染治理，欧盟成员国政府也会针对本国具体情况划拨专项经费，政府每年对每公顷农田实施的环境政策补贴最多可达上千欧元。

（2）推技术、奖农民。欧盟投入大量的科研资金研发环境友好型农业技术，并且通过多项补贴措施推动农民采用新的替代技术，诸如有机农业、农业水土保持、农田最佳养分管理、综合农业管理等技术。这些技术大多操作简单、转换成本低。在水源保护区采用降低农田、畜禽养殖业和生活污水中氮、磷排放量的技术措施，制定严格的农业生产技术标准，从源头加以控制。畜禽场主要通过制定畜禽场化粪池容量和密封性以及畜禽场农田最低配置等标准进行污染控制。环保部门监控排污时，重点检查畜禽场化粪池容量和农田最低配置等方面，而不是依靠检查农村畜禽场排放污水是否达标。

（3）治环境、保发展。在治理农业面源污染时，欧盟非常注重农村生活环境的保护与治理，实施挖掘农业多重价值的支持政策。例如，设立专项基金支持农村生产结构性调整；培养新农民，多渠道增加农民收入；积极推行自然资源和环保政策；大力推广农业再生资源的综合利用。通过这些政策，增强了乡村的经济活力，提高了农业竞争性，推进了乡村经济多样性。

3. 以色列农业面源污染防治实践

以色列是一个南北狭长、东西狭窄形状的中东小国，毗邻黎巴嫩、约旦和埃及等国，位于亚非欧的交界地带，人口逾 900 万。沙漠与山地构成了以色列近六成以上的国土面积，而地势相对平缓的平原与峡谷则仅为国土面积的四分之一。以色列的总耕地面积约为 43.7 万公顷，约占国土面积的 20%，人均耕地面积仅为 0.06 公顷，且大部分耕地为保水性能不佳的风积土和冲积性沙质土，土层厚度在 25cm ~ 35cm 之间。在气候方面，以色列受地中海气候的影响较大，夏季炎热干燥、冬季温暖湿润、干湿分明、雨热不同期，降水在时间和空间上的分布严重不均。从空间上看，以色列的降水量呈现由北往南递减的趋势——北部和中部地区的降水充沛，越往南则越少，北部山区地带的平均年降水量能够超过 700mm，而南部内盖夫（Negev）沙漠的部分区域甚至终年无降水。尽管自然条件相当严酷，但以色列仍凭借其先进的农业科技和灵活的农业政策，实现了农业的可持续发展，取得了令世人瞩目的不凡成就。在农业发展方面，以色列尤其注重对农业资源的合理利用和农村生态环境的严格保护，科技农业、生态农业、装备农业等领域均走在世界前列。在农业面源污染的防治方面，以色列也有许多做法值得参考借鉴，对我国的农业发展具有一定的指导性意义。

（1）化肥施用——促进技术革新，重视农民培训

化肥在农作物增产方面能发挥重要作用，其产量与用量正与日俱增。据相关测算统计，现代化农业产量中至少四分之一通过施用化肥获取。然而，化肥也是造成农业面源污染的重要因素之一，一旦出现过量施用的情况，则会使原有的土壤结构和属性发生变化，造成土壤板结，有机质流失，最终导致土壤肥力急剧下降。此外，化肥中含有的重金属成分还可长时间在环境中累积，如果被农作物吸收，可对人体健康构成严重威胁。施肥作为以色列实现农业增产的重要手段，其在施用过程中可能造成的农业面源污染问题也同时引起了以色列相关部门的高度重视。为此，以色列的农业管理部门通过推广应用先进的水肥一体化滴灌技术，配合施用长效肥

料等措施,将化肥对土壤环境的负面影响降到了最低,同时运用滴灌技术使肥料能最大程度地被作物吸收利用,进而在源头上避免了化肥所造成的环境污染。

(2)农药使用——通过立法规范,实现联合监督

农药作为与化肥"搭档使用"的重要农资,在以色列的应用范围也十分广泛,超过90%的以色列农作物需依靠农药来进行病虫害控制。由于农药的过量使用可能会导致农产品品质明显下降,且过量施用的农药还可通过各种渠道进入水体,致使水质发生恶化,以色列对农药使用强度有非常严格的规定。目前,以色列灌溉地的农药施用量被严格限制在了40kg/公顷左右,农药的使用同时受到以色列农业和农村发展部(Ministry of Agriculture and Rural Development)、以色列卫生部(Ministry of Health)以及以色列环境保护部(Ministry of Environmental Protection)的联合监管,由农业和农村发展部下属的植物保护和检疫局负责农药具体的综合管理事务。为防止农药对水源造成污染,以色列已通过立法禁止在水源地附近施用农药,并且严禁以任何方式在水源地附近清洗农药喷洒器械。此外,农药的残毒检测工作也得到了重视,目前由以色列卫生部负责监督,一旦出现农产品农药残毒超标的情况,将视情节严重程度分别采取警告、通报批评、没收或销毁产品等一系列处罚措施,对违规使用农药的行为形成了强大的震慑。

(3)畜禽废物处置——努力变废为宝,持续改善环境

畜禽养殖业是农业发展的支柱产业之一,可有效促进农业增产增收及农村经济发展,但其产生的畜禽粪便和养殖污水存在向环境中输出营养元素(如氮、磷等)、重金属元素、抗生素等污染物的风险,还会侵占土地、散发恶臭、滋生蚊蝇,其中携带的大量病原体也非常容易成为各类疾病传播的源头,对畜禽废物进行有效处置具有非常重大的意义。在畜禽废物处理方面,以色列致力于将畜禽废弃物通过无害化技术转化为安全环保的有机肥料,实现畜禽废弃物资源化利用。据统计,每年以色列产生的畜禽废物和动物尸体接近10万吨,对其进行妥善处理利用即可变废为宝,实现

畜禽废弃物的华丽变身。目前，以色列对畜禽废物的主要处理模式为分散收集转运、集中发酵处理，最终转化为有机肥料，既解决了畜禽废物处理的难题，同时也减少了化学肥料的使用量，进而保护了以色列的农村生态环境，可谓一举多得。

4.国外农业面源污染治理的经验总结

（1）做实做细配套的农业面源污染防治顶层设计。坚持统筹兼顾、因地制宜、精准施策、创新驱动的原则，做好农业面源污染防治顶层设计。进一步落实好原农业部印发的《关于打好农业面源污染防治攻坚战的实施意见》，完善配套的法律体系，全面加强农业面源污染防治力度。科学合理使用农业投入品，不断提高使用效率，力争从源头上减少农业内源性污染。重点聚焦我国农村地区的环境影响评价工作，注重农村地区的环境宣传教育，引导农民通过施用有机堆肥、种植绿肥、沼渣沼液还田等方式减少化肥用量，加快测土配方施肥技术的推广运用，大幅提高化肥利用率，努力实现化肥施用量零增长。推广高效、低毒、低残留、低环境风险农药及生物农药和先进施药农机，进而从根本上规避农村发生农业面源污染的风险。

（2）以构建现代环境治理体系为抓手，建立健全农业环境监管体系。加快"新基建"与现代环境治理体系的深度融合，促进农业农村、生态环境、自然资源、住建、水利、气象等部门之间的合理分工与协同合作，有效形成"横向到边、纵向到底、上下联动、协调推进"的全方位责任制环境监管网络，进一步强化针对农村地区环境的督察检查，构建农业废弃物的"收、储、运"长效支持体系。以农业面源污染防治为突破口，促进农业面源污染防治相关科技成果的转化与推广应用，持续优化农业面源污染监测数据模型，用好 GIS、RS 等技术，做好农业面源污染的预测、模拟、监控等综合管理工作。培育一批规模化、专业化、标准化的农业面源污染防治"领跑者"企业，引导和鼓励公众力量参与农村生态环境社会治理。

（四）国内农业面源污染治理实践

1. 太湖流域农业面源污染治理及成效

太湖流域位于长江三角洲的南缘，总面积 36900 平方公里，太湖作为中国五大淡水湖之一，湖泊面积 2427.8 平方公里，水域面积为 2338.1 平方公里，湖岸线全长 393.2 公里，横跨江、浙两省，北临无锡，南濒湖州，西依宜兴，东近苏州。在人口方面，太湖流域人口 3600 万，占全国人口的 2.9%，其中农业人口 1915 万，非农业人口 1968 万，是我国人口最集中的地区之一。太湖流域还是我国最大的综合工业基地之一，工业基础雄厚，企业数量众多。

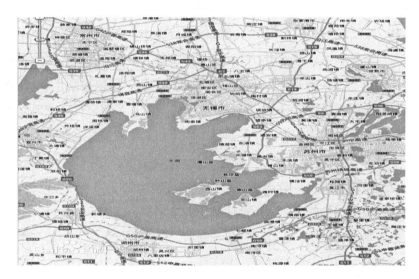

图 2-1　太湖行政区域图

人口多、工业高度发展使得人们对于太湖流域水资源的需求增多，各种污染给太湖流域水体带来了严重的污染，其中农村面源污染又被认为是危害和比例最大的污染。1987 年，太湖已有 1% 的水面水质受到轻度污染，有 10% 的水面水质达 3 级，89% 的水面维持在二级水质。由于水质退化，以氮、磷指标评价，太湖的中度富营养化和富营养化的面积已占太湖总面积的 90% 以上，太湖的营养化程度加重，经常发生绿色"水华"。2007

年5月底，太湖蓝藻大面积暴发，水源地水质遭受严重污染，引发无锡市近200万居民供水危机。太湖水环境的恶化给工农业和居民生活都带来了严重的影响，而水环境恶化的原因主要集中在农业面源污染中过量化肥投入污染、农村生活污染、畜禽养殖污染和水产养殖污染等。2007年是太湖流域水污染的危机之年，也是太湖水体综合治理的转机之年。面对太湖流域乡村生活污水、畜禽粪便、化肥农药等面源污染严峻的防治形势，江苏省农林部门通过有力的财政投入、全方位的治理举措、全情投入的积极行动，终于使太湖流域污染治理、农村环境改善取得初步进展，到2011年已完成太湖防治工程1050个，到2020年，江苏一共要实施近1800个太湖防治项目到2011年已完成总数的65.6%。经过综合治理，太湖主要污染指标都有明显下降。太湖对面源污染的有效治理有不少经验值得借鉴，主要表现在以下几个方面：

（1）养殖废弃物——集中收集，综合处理

畜禽养殖产生的粪污一直是养殖规模生产的瓶颈，一方面带来了环境污染，另一方面又不能一味关停了之。尤其是在猪价进入上升通道的时候，关停直接影响农民收入。江苏省的做法是，划定禁养区、限养区，整治一家一户的散养，而对养殖大县进行集中规划，即规模化的畜禽场要配备与其养殖规模相适应的废弃物处理设施。江苏农林和环保部门密切合作，切实加强畜禽养殖污染治理，根据畜禽养殖对水域污染程度，对太湖流域畜禽养殖实行禁养区、限养区和适养区管理，取缔、关闭或搬迁禁养区内畜禽养殖场。按照"物业化管理、专业化收集、无害化处理、商品化造肥、市场化运作"的原则，太湖一二级保护区及上游区域重点乡镇建立起全覆盖的畜禽粪污收集处理中心。政府对这些市场化运行的处理中心给予每家100万～150万元的设备补贴，占中心建设费用的三分之一。对于规模化的养殖企业，环境监管倒逼产业升级，系列集成化的配套措施将养殖废弃物转化为资源，为企业的环境责任减轻压力，同时又开发新的利益增长点。如养殖过程采用发酵床养殖的方法，粪污处理采用"三分离一净化"方法，再配套沼气工程生产有机肥。采用发酵床养猪，猪舍环境得到明显改善，没有了过去的恶臭，肉猪生活的环境也更加干净清洁。

（2）过量化肥——自然农法、生态拦截

江苏省环保厅和农林厅联合通过制定"控氮施肥和平衡施肥"技术规程，优化施肥结构，以及引导和鼓励农民生产绿色产品等，从农业生产模式源头控制面源污染，使农业面源污染状况有所减轻。2007 年，中央和江苏省财政共投入 1.8 亿元用于支持测土配方、科学施肥工作、有机肥补贴及绿肥补贴，通过项目的实施，全省测土配方施肥面积达 3320 万亩，并取得了明显的节本增收效果。同时推广节约型农业生产技术，加强测土配方施肥的宣传和推广，扩大商品有机肥、绿肥补贴范围；加强病虫害综合防治，积极推广生物农药、高效低毒、低残留农药和新型高效药械，开展植保专业化防治。为全力推进生态净水工程，江苏加快了对太湖流域现有乡村排水沟渠塘工程化技术改造，建立新型生态拦截型农业湿地系统和新型生态拦截型沟渠塘系统，通过清除垃圾、淤泥、杂草，直接去除污染物；通过种植垂柳、草被植物，合理配置氮磷吸附能力强的半旱生和水生植物，并设置净水坝，拦截污水、泥沙及漂浮物等，实现对氮磷养分的立体式吸收。

（3）秸秆——综合利用、农牧结合

农牧结合的好处就是可以相互利用废弃资源，2013 年在韩国考察了循环农业后，江苏省太仓市城乡镇东林村从韩国引进了一套集收集、打捆、包膜、粉碎等功能为于一体的机械设备。一套设备每天可处理秸秆 200 亩。秸秆再加工为饲料，按照每头羊每天消耗秸秆饲料 0.8 公斤左右，年平均存栏 40000 头，年可消耗秸秆饲料 12000 多吨，太仓市 3 万亩水稻生产基地，其中一半以上的秸秆可以就近消耗掉。而养殖产生的动物粪便制成有机肥料还田，利用农用水净化处理工程，发酵后的沼液通过水电站、管道进行农田、果园、蔬菜、林地灌溉，形成"稻养畜、畜肥田"的生态循环模式。养殖——育肥——种植——秸秆加工饲料——养殖——食品加工的模式，目前为东林村创造了亩均一万元以上的综合效益。

2. 鄱阳湖农业面源污染治理及成效

鄱阳湖是中国第一大淡水湖，也是中国第二大湖，位于江西省北部。当湖水水位达 22.59 米时，湖泊面积为 4070 平方公里。湖体南北长 173 公里，东西平均宽 16.9 公里，最宽处为 74 公里，最窄处为 3 公里，湖岸线长约 1200 公里，湖泊形态系数 109，发展系数（弯曲系数）为 6。湖中有岛屿 41 个，面积 103 平方公里。鄱阳湖流域面积 16.22 万平方公里，占江西省水系总面积的 94%，是我国的重点农业生产区，农村区域面积较广、人口较多。

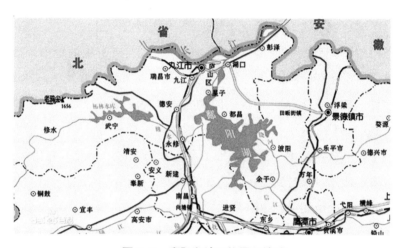

图 2-2　鄱阳湖地理位置及境域

然而随着社会经济的快速发展，农村地区生活水平的不断提高，大量的营养物质不断汇入鄱阳湖，在一定程度上引起鄱阳湖水质的不断下降。鄱阳湖局部污染严重的区域，总氮和总磷超标，主要是农业面源污染造成的。江西省是农业大省，鄱阳湖区域主要以农业为主，近年来，鄱阳湖季节性水资源短缺、水环境污染、水生态恶化、洪涝灾害频发等问题突出，给湖区经济社会可持续发展及生态环境带来较大影响。鄱阳湖生态经济区的农村面源污染是鄱阳湖水污染的主要污染来源，农村生活区面源污染主要包括了农村生活污水污染、固体垃圾污染和分散的畜禽养殖污染三类。随着鄱阳湖流域农村人口和畜禽养殖量的不断增加，农村生活区面源污染物排放量不断增加，生活污水、固体废弃物和畜禽养殖污染通常不经过处理或经过化粪池的简单处理直接排入河道，导致鄱阳湖流域水质恶化，水体富营养化程度不断增加。进入 21 世纪以来，江西省加强了鄱阳湖湿地生态系统管理工作，不仅建立了十几个国家、省、县级鄱阳湖湿地生态保护区，还颁布了《鄱阳湖湿地保护条例》，建立了鄱阳湖禁渔制度，采取生态修复措施，对鄱阳湖生态系统保护起了较好的促进作用。近年来江西省大力推进《鄱阳湖生态环境综合整治三年行动计划（2018—2020 年）》等一系列文件法规落实，取得了显著成效。关于鄱阳湖农业面源污染的治理，有以下几个经验值得借鉴：

（1）因地制宜处理农村生活污水

江西省按人口密集程度采取不同的方式，人口密集的地方采取建管网、建集中式处理设施的方式，人口少的地方则采取分散处理，方式可以多种多样。按不同的地方采取不同的技术线路，能够采取人工湿地、氧化塘方式的尽量采用，无法采用人工湿地、氧化塘方式的也要采取成本低、效果好的技术，绝不能用治理工业污水的办法来治理农村生活污水。此外，切实加强对农村生活污水治理的统筹规划和科学指导，既重视村镇生活污水处理设施建设，也重视运营维护。为使农村污水设施能真正用起来，江西省还重视以下四个方面工作：省住建厅制定好治污设施日常运营规范程序；地方政府为日常运行提供经费保障；地方环保部门监督治污设施使用，不断提高污水处理设施的智能化水平，做到远程可视可控；环保企业则负责日常运营，根据合同约定标准收费，若运行不正常、处理不达标，须承担全部违约责任。江西省还将总磷下降指标纳入 11 个设区市考核。

（2）控制生猪养殖污染

江西省生猪养殖数量大、污染排放量高，2017 年全省生猪出栏量为3200 万头，生猪排泄物产生量约为 3194 万吨，相当于 2 亿人口的污染负荷量。江西省生猪养殖场普遍存在配套粪污贮存、处理、利用设施不完善问题，相当部分的养殖场不能做到达标排放。对此，江西省调整优化生猪养殖布局，引导生猪养殖从禁养区向可养区转移、从养殖密集区向环境容量大的区域转移。以加强畜禽粪污处理与利用设施建设为重点，进一步加大畜禽养殖场标准化改造力度。新建畜禽规模养殖场，严格执行环境影响评价制度，按要求同步建设粪污贮存、处理与利用设施。实施畜禽养殖废弃物资源化利用行动，完善病死畜禽无害化集中处理体系建设，每个畜禽养殖县（市、区）至少建成1个无害化集中处理场。

（3）控制化肥施用污染

2017年江西省化肥使用135万吨（折纯），每亩使用17～40公斤不等，而发达国家的安全上限为15公斤/亩。另外，化肥利用率低。江西省化肥被植物的实际吸收利用率只有30%～40%，而发达国家化肥利用率为50%～60%。对此，江西省以"预防、综防、绿防、统防和安全科学用药"为抓手，以水稻、蔬菜、柑橘、茶叶等主要农作物为重点，实施农药"零增长行动"，加大生物农药补贴和生态种养结合模式推广力度，开展低毒生物农药和绿色防控补贴试点。通过全面推广测土配方施肥技术，加大有机肥资源化利用，开展规模化养殖粪便有机肥转化补贴试点。推进秸秆养分还田，推广秸秆粉碎还田、快速腐熟还田、过腹还田等技术，推广具有秸秆粉碎、腐熟剂施用、土壤翻耕、土地平整等功能的复式作业机具，使秸秆取之于田、用之于田。支持规模化养殖企业利用畜禽粪便生产有机肥，推广规模化养殖＋沼气＋社会化出渣运肥模式，支持农民积造农家肥，施用商品有机肥。结合高产创建和绿色增产模式攻关，按照土壤养分状况和作物需肥规律，分区域、分作物制定科学施肥指导手册，集成推广一批高产、高效、生态施肥技术模式。

（4）推行河长制

江西全省全面实施河长制，构建省、市、县（市、区）、乡（镇、街道）、村五级河长组织体系。总河长、副总河长负责领导本行政区域内河长制工作，分别承担总督导、总调度职责。各级河长负责组织领导相应河湖的管理和保护工作，包括水资源保护、水域岸线管理、水污染防治、水环境治理等，牵头组织对侵占河道、围垦湖泊、超标排污、非法采砂、破坏航道、电毒炸鱼等突出问题依法进行清理整治，协调解决重大问题；对跨行政区域的河湖明晰管理责任，协调上下游、左右岸实行联防联控；对相关部门和下一级河长履职情况进行督导，对目标任务完成情况进行考核，强化激励问责。

3.滇池农业面源污染治理及成效

滇池又名昆明湖，在昆明市西南，有盘龙江等河流注入，湖面海拔1886米，面积330平方公里，云南省最大的淡水湖，有高原明珠之称。滇池为西南第一大湖，也是中国第六大淡水湖。流域面积（不包括海口以下河道流域面积）为2920平方公里。滇池湖面南北长40公里（含草海）；东西平均宽7公里，最宽处12.5公里。

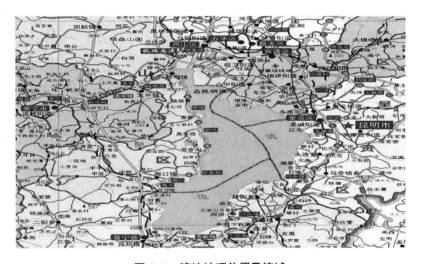

图 2-3　滇池地理位置及境域

20世纪60年代，滇池无论草海还是外海水质均为2类，20世纪70年代为3类，20世纪80年代草海和外海的水质分别为5类和4类，20世纪90年代水质进一步恶化，分别为超5类和5类。30年来，水质下降了3个等级，20世纪50年代，滇池的水生高等植物十分丰富，植被占湖面的90%以上，到70年代末期，植被面积不到20%。海菜花群落为滇池的主要特征之一。60年代以前，草海曾因海菜花繁茂而被称为"花湖"，70

年代海菜花已寥寥无几，今天，海菜花已被水葫芦取代，水体富营养化日趋严重。过去滇池水产资源丰富，有多种鱼类，其中以鲤鱼产量最高，金线鱼最名贵，但是由于近年水质的污染，生物群种结构已产生不良演变。50 年代中期滇池尚有水生植物 44 种，而 80 年代中期减少到 29 种；滇池原有鱼类 23 种，其中土著鱼 15 种，现在土著鱼只剩下 4 种。

造成滇池水污染宏观层面的原因有三个方面。首先是滇池地处昆明城市下游，是昆明盆地最低凹地带，所以客观上成了昆明的"排污桶"。这个"桶"必须不停地接纳生活污水、工业废水和含有农药化肥的农业污水，加之滇池流域城镇化迅速发展又增加了污水排放量。据统计，每年排入滇池的污水约 2 亿立方米，即 2 亿吨左右。其次是滇池属于半封闭性湖泊，缺乏充足的洁净水对湖泊水体进行置换。再次就是在自然演化过程中，滇池湖面缩小，湖盆变浅，内源污染物堆积，进入老龄化阶段，还有人为加大湖水排泄量和降低周边森林覆盖率，更加速了老龄化进程。21 世纪初，开始滇池治理保护工作，水质逐渐提升。经过持续二十多年的努力，到"十二五"末，滇池总体水质已趋稳向好，滇池水体的富营养化程度已由重度富营养化转变为中度富营养化。

滇池对农业面源污染的治理经验有以下几个方面值得借鉴：

（1）实施耕地质量保护与化肥减量增效技术推广。扩大耕地质量保护与化肥减量增效技术在农作物上的应用，基本实现在滇池流域主要农作物耕地质量保护与化肥减量增效技术全覆盖。学习荷兰等国家的基质栽培和水肥一体化结合的方式，开展花卉的设施基质栽培研究，施肥渗滤液通过消毒、过滤，肥料渗滤液回收循环利用，并通过精确的施肥技术，提高肥料利用率，减少施肥量，实现化肥污染零排放。在滇池流域主要入湖河道两边、蔬菜主要栽培区，以修复耕地土壤及消减土壤污染存量为目标，减少化肥施用量，开展活性微生物土壤改良剂及微生物有机肥的运用示范研究，改善土壤根际微生物群，提高植物的抗病虫能力，提高化肥利用率，减少化肥使用量。

（2）实施农药减量增效工程。推广应用生态调控、生物防治等绿色防控技术；根据不同的种植作物集成组，配有效病虫害全程绿色防控技术；严格控制高毒高风险农药使用；培育社会化服务组织，开展统配统施、统防统治等服务；建设病虫害绿色防控示范村，整村或整乡推进；开办降低农药风险（PRR）农民田间学校，提高农民科学用药意识和技能；发挥种植大户、家庭农场、专业合作社等新型农业经营主体的示范作用，带动绿色高效技术更大范围应用。到2020年，滇池流域建立病虫害绿色防控农药减量示范区（村）17个，示范面积1.8万亩，应用辐射面积11.7万亩，开办农民田间学校17所，引导和支持成立专业化防控组织6个，绿色防控技术试验及集成17组，病虫害监测点17个。

（3）推进畜禽粪污治理。调整区域布局，宜养则养，应禁必禁，加强禁养区监管，巩固关停搬迁成果；调整种养结构，按照《畜禽粪污土地承载力测算技术指南》要求，布局养殖业，使养殖业与种植业在布局上相协调、在规模上相匹配，将超过土地承载能力的养殖量减下来；调整畜种结构，调减产污系数比较大的畜禽（如生猪、奶牛等）养殖量，增加产污系数小的畜禽（如肉牛、羊等）养殖量。提高单产，通过种、料、管、装、销五大环节，畜禽良种化、养殖设施化、生产规范化、防疫制度化、粪污无害化、监管常态化"六化"管理，提高生产水平和饲料转化率，在保持畜产品总量不变的前提下，降低畜禽养殖数量和粪污产生量。加强种养结合产业发展机制和畜禽养殖粪污资源化利用能力建设，促进畜禽养殖粪污资源化利用，提升种养循环发展水平，提高畜禽养殖粪污资源化利用率，推广养殖污染控制技术与治理技术、粪污高效安全利用技术、草畜配套绿色高效生产技术。强化饲料、兽药等投入品的安全使用、科学管理。

（4）推进水产健康养殖。严格落实《昆明市养殖水域滩涂规划（2018—2030年）》，划定禁养、限养和养殖区。禁养区内禁止从事围网、网箱、投饵等可能污染水体的养殖活动，但可以学习借鉴千岛湖保水渔业模式，根据各自的水体特定环境条件，允许开展以水环境保护为目的的保水渔业活动。限制养殖区范围内，必须实行严格的环境保护制度与管控措施，水产养殖业以保水生态型增殖渔业为主，禁止网箱、围网养殖等活动。推动出台水产养殖尾水排放标准，建设尾水处理设施设备，加快推进养殖节水减排，淘汰废水超标排放的养殖方式。按照"谁污染、谁治理、谁受益、谁承担"的原则，养殖企业及农户是养殖尾水污染防治的第一责任人，通过引导养殖户开展池塘的升级改造，实现养殖尾水零排放或达标排放，切实管控渔业养殖面源污染。深入开展健康养殖示范场、示范县创建活动，积极发展集装箱工厂化养殖、池塘内循环养殖、稻田综合种养等生态健康养殖模式。大力推广工厂化循环养殖设施设备，加强养殖废水净化设备、滩涂养殖采收机械等推广应用。发挥渔业的净水、保水和生态修复功能，加大增殖放流力度，科学构建滇池、阳宗海鱼类种群结构，实现以渔控藻、以渔抑藻、以渔净水、以渔保水，修复水域生态系统。

（5）解决农膜污染，高效利用秸秆资源。调整种植业产业结构，推广抗旱性强、对地膜依赖度少的作物和品种，减少覆膜种植作物面积，减少农业生产地膜投入量；积极推广标准地膜的使用，从源头保证农田残膜可回收；推广全生物可降解替代技术，减少 PE 地膜使用量；四是推行"谁生产、谁销售、谁回收"责任制，落实回收责任主体，明确监管责任主体。进一步加大示范和政策引导力度，大力开展秸秆还田和秸秆肥料化、饲料化、基料化、原料化和能源化利用，2019—2020 年在滇池流域共实现秸秆还田 53 万亩、完成秸秆饲料利用 24 万吨。积极建立健全政府、企业合作的秸秆收储运体系，降低收储运输成本，加快推进秸秆综合利用的规模化、产业化发展，秸秆综合利用率达 85% 以上。

（6）农田节水减排，发展循环农业。根据不同的种植作物选择适宜的高效节水减排灌溉措施，推广高效节水灌溉技术；采取规模化发展、集约化管理等综合措施，基本建立节水灌溉工程长效管理体制和良性运行机制，大力推广农民用水户参与管理；增强高效节水减排灌溉技术的开发、创新与集成，加快建设节水灌溉管理信息系统，推进节水灌溉技术标准化建设，开展节水灌溉试验基础研究。深入推进现代生态循环农业示范基地建设，积极探索高效生态循环农业模式，构建现代生态循环农业技术体系、标准化生产体系和社会化服务体系。依托昆明市现代农业园区、都市农庄等新型合作化组织、实施畜禽养殖废弃物循环利用、秸秆高效利用、水产养殖污染减排、农村生活污染处理等为重点，扶持和引导以市场化运作为主的生态循环农业建设，探索形成产业相互整合、物质多级循环的产业结构和生态布局。

三、三峡库区农业面源污染特征及治理重点、难点

（一）三峡库区概况

三峡库区位于长江流域腹心地带，地跨湖北省西部和重庆市中东部，幅员面积约 5.8 万 km²。全区地貌区划为板内隆升蚀余中低山地，地处我国第二阶梯的东缘，总体地势西高东低，地形复杂，大部分地区山高谷深，岭谷相间。主要地貌类型有中山、低山、丘陵、台地、平坝。山地、丘陵分别占库区总面积的 74.0% 和 21.7%，河谷平原占 4.3%。库区内水系发达，江河纵横，三峡工程坝址以上控制流域面积 100 万 km²，占流域总面积的 56%。库区除长江干流和嘉陵江、乌江外，区域内还有流域面积 100 km² 以上的支流 152 条，其中重庆 121 条，湖北 31 条。流域面积 1000 km² 以上的支流有 19 条，其中重庆境内 16 条，湖北境内 3 条，包括香溪河、大宁河、梅溪河、汤溪河、磨刀溪、小江（又名澎溪河）、龙河、龙溪河、御临河等。三峡库区具有独特的地貌、环境、生态和水文条件，具体情况如下：

1. 三峡库区的地形地貌

从重庆市域所辖三峡库区和影响区看，区域属四川盆地东部，区内地貌类型复杂多样，西部多为低山、丘陵，往东逐渐变化为低山、中山。区域地貌的特点是独具特色的川东平行岭谷，背斜成山，向斜成谷，山谷相间，彼此平行，是世界上典型的褶皱山地之一。由于受长江、嘉陵江、乌汇及其次级河流的切割，区域内地势起伏较大，东高西低，最高处在城口县大巴山的川鄂岭。湖北区域内的四个区县与重庆相邻，基本地貌基本相同。整个区域跨扬子准地台和秦岭褶皱系两大地质构造单元，地质构造较为复杂。

坡度：区域地表起伏相对较大，平缓区域面积小，坡地区域面积大、分布广。各坡度分级中，5°以下平坡地、较平坡地面积占区域总面积比重合计仅为8.4%；较缓坡地占区域总面积比重最高，为28.06%；25°以上陡坡地、极陡坡地面积占区域总面积比重合计为38.87%（详见表3-1）。

表3-1　区域各坡度分级面积汇总表

坡度分级		面积（km²）	占全部面积比例（%）
平坡地	0°～2°	2951.08	3.58
较平坡地	2°～5°	3967.71	4.82
缓坡地	5°～15°	20320.34	24.67
较缓坡地	15°～25°	23111.96	28.06
陡坡地	25°～35°	18350.27	22.28
极陡坡地	≥35°	13669.58	16.59

数据来源：重庆市第一次地理国情普查公报（2017年）

地貌：区域地貌类型以山地为主，面积为62051.94km²，占区域总面积的75.33%，其中，中山占44.7%，低山占30.63%；其次是丘陵，面积为12852.45km²，占区域总面积的15.6%；平原、台地面积较小，分别为3077.27km²、4389.28km²，占区域总面积的比重分别为3.74%、5.33%（详见表3-2）。平原主要分布于三峡库区渝东北片区和渝西片区，台地、丘陵主要分布于重庆主城周边，山地主要分布于三峡库区渝东北、渝东南片区和鄂西北部分区域。

表3-2　区域地貌类型面积汇总表

地貌类型	面积（km²）	占全部面积比重（%）
平原	3077.27	3.74
台地	4389.28	5.33
丘陵	12852.45	15.6
山地	62051.94	75.33

数据来源：重庆市第一次地理国情普查公报（2017年）

从库区自身来看，库区地形十分复杂，南依云贵高原北麓，北靠大巴山山麓，奉节以西属川东平行岭谷低山丘。库区地形高低相差很大，地貌以山地、丘陵为主，河谷横切，山高坡陡。其中台地占7.62%，丘陵占27.22%，中山占28.1%，低山占33.99%，平坝占2.95%。干支流两岸的自然风光雄伟奇特，农耕历史悠久。

表3-3　三峡库区地貌类型（平方公里）

类型	中山	低山	丘陵	平坝	台地
面积	22402.70	26992.47	21662.62	2338.93	6055.30
%	28.1	33.99	27.22	2.95	7.62

数据来源：余炜敏.三峡库区农业非点源污染及其模型模拟研究［D］.西南农业大学，2005.

2. 三峡库区的土壤类型

土壤类型。三峡库区土壤类型复杂，受各种因素的影响，形成了多样的土壤。调查显示，三峡库区的土壤大致有九种类型，333个土种，24个亚种、87个土壤，三峡库区土壤类型及占比见表3-4。由表可知，黄壤总面积为755.1km²，占30.29%，是三峡库区面积最大的土壤，主要分布在海拔500至1400米的低中地带。紫色土耕地面积503km²，占20.21%，是三峡库区主要的土壤类型之一。黄棕壤是一种棕壤之间的过渡土壤类型，它处于黄壤带之上、棕壤带之下，库区黄棕壤面积442.7km²，占17.76%。库区石灰土面积301.6km²，占12.1%。

其中水稻土约为209.9km²，占9.42%。主要分布在涪陵地区海拔200m的长江河谷至1000m以上的中山地带，万州地区的平行岭谷区、开州三里河沿岸阶梯地；平坝、云阳县的长江沿岸的新冲击坝、宜昌地区的东部低山丘陵地区。

表3-4　三峡库区主要土壤类型面积

土壤类型	面积（km²）	占比（%）
黄壤	755.1	30.29
紫色土	503.8	20.21
黄棕土	442.7	17.76

续表

土壤类型	面积（km²）	占比（%）
石灰土	301.6	12.1
水稻土	209.9	9.42
棕壤	74.5	2.99
灌土	54.8	2.20
红壤	44.9	1.80
草甸土	29.2	1.17
其他	51.1	2.06
合计	2492.8	100

数据来源：余炜敏.三峡库区农业非点源污染及其模型模拟研究［D］.西南农业大学，2005.

地表覆盖情况。三峡库区及影响区的自然地表覆盖分为林草覆盖、种植土地、水域、荒漠与裸露地四类，面积共 78168.51km²，占重庆三峡库区及影响区总面积的 94.9%。其中，林草覆盖为主要类型，面积为 52509.19km²，占重庆三峡库区及影响区总面积的 63.75%；种植土地为次要类型，面积为 23480.01km²，占重庆三峡库区及影响区总面积的 28.5%；水域面积为 1917.8km²，占重庆三峡库区及影响区总面积的 2.33%；荒漠与裸露地面积最小，为 261.51km²，占重庆三峡库区及影响区总面积的 0.32%。

表 3-5　地表覆盖概况汇总表

地表覆盖类型		面积（km²）	占总表面积比重（%）
自然地表	林草覆盖	52509.19	63.75
	种植土地	23480.01	28.50
	水域	1917.80	2.33
	荒漠与裸露地	261.51	0.32
	合计	78168.51	94.90
人文地表（包括房屋建筑、铁路与道路。人工堆掘地、构筑物）	合计	4202.43	5.10
	总计	82370.94	100

数据来源：重庆市第一次地理国情普查公报（2017 年）

3. 三峡库区的水域分布 [①]

重庆市三峡库区及影响区水面总面积为 1917.2km²，占市域总面积的 2.32%。都市圈（城市发展新区）水面面积最大，其次是渝东北区域。都市核心区域水面面积占比最高，达到 12.08%；渝东南片区水面面积占比最低，仅为 0.79%。湖北省内库区面积是三峡库区水域面积的 15%。

区域内河流长度为 76192.53km，河网密度为 924.00m/km²。渝东北片区内河网密度最大，为 1069.21m/km²；都市核心区河网密度最小，为 321.17m/km²。

区域内河流流域面积在 50km² 及以上河流 510 条，流域面积 100km² 及以上河流 274 条，流域面积 1000km² 及以上河流 42 条，流域面积 3000km² 及以上河流 19 条，流域面积 10000km² 及以上河流 7 条。重庆市域内三峡库区及影响区河流按流域面积见表 3-6：

表 3-6　按流域面积划分重庆市域三峡库区及其影响区河流情况

河流面积分类	50km²以上	100km²以上	200km²以上	500km²以上	1000km²以上	3000km²以上	10000km²以上
河流条数	510	274	149	74	42	19	7

数据来源：作者数据整理

境内河流除任河注入汉江、酉水注入沅江（洞庭湖）、濑溪河和清流河注入沱江外，其余均在境内注入长江汇入三峡水库。长江自西南向东北横贯全境，乌江、嘉陵江为南北两大支流，形成不对称的、向心的网状水系。

重庆三峡库区及影响区区域内无湖泊分布。各水域类型中，河渠面积最大，为 1390.16km²，面积构成比 61.89%；库塘面积为 859.08km²，面积构成比 38.11%。

[①] 从地理要素实体角度，水域指水体较长时期内消长和存在的空间范围。在三峡库区及影响区重庆范围内，水域实体要素包括河渠（河流和水渠）、库塘（水库和坑塘）。从地表覆盖角度，是指被液体和固态水覆盖的地表，分为水面和水渠两种类型，最小图斑对应的地面实地面积为 400m²。

库区内流域面积 1000km² ~ 5000km² 的有 16 条，500km² 以上的有 31 条，100km² 以上的河流有 100 余条，这些支流以降水补给为主，水量大小与径流量、降雨量有关。

4. 三峡库区的气候特征

三峡库区及影响区年平均气温偏高，年平均降水量偏少。主要气候特点为冬季气温变幅大，前冷后暖，降水偏少；春季气温高，入春旱，季末降水偏多；夏季干热，气温显著偏高；秋季雨水多，冷暖起伏大。库区平均蒸发量较常年偏大，平均相对湿度较常年偏小，平均风速与常年持平，平均雾日数较常年异常偏少。库区及其邻近地区气象灾害有年初低温雨雪冰冻，夏季高温伏旱，秋季阴雨、局部大雾，以及冬春旱、风雹。

（二）三峡库区农业面源污染治理的必要性

三峡库区无论是地域特点还是面源问题在长江流域有相对复杂和典型的特点，回顾研究好三峡库区面源污染治理问题，不仅是保护好三峡库区作为长江中上游重要生态屏障的必然要求，也可以为长江流域其他区域以及其他流域提供重要借鉴。

1. 是长江流域水生态环境保护的重要环节

长江经济带覆盖上海、江苏、浙江、安徽、江西、湖北、湖南、重庆、四川、贵州、云南 11 省市，面积约 205 万平方公里，人口和生产总值均超过全国的 40%，是我国经济重心所在、活力所在，也是中华民族永续发展的重要支撑。2018 年 4 月，习总书记在"深入推动长江经济带发展座谈会上的讲话"中提出，长江经济带生态环境形势依然严峻。流域生态功能退化依然严重，接近 30% 的重要湖库仍处于富营养化状态，长江生物完整性指数到了最差的"无鱼"等级。沿江产业发展惯性较大，污染物排放基数大，废水、化学需氧量、氨氮排放量分别占全国的 43%、37%、43%。长江经济带历经多年开发建设，传统的经济发展方式仍未根本转变，生态环境状况形势严峻。三峡库区作为长江流域最重要的环节，搞好生态环境保护，应该是落实长江经济带"共抓大保护、不搞大开发"的基本要求。

因此，2017年国家《长江经济带生态环境保护规划》提出，在我国西南部清水产流区增加生态用地，通过生态沟渠建设、化肥农药减施等方法，防治农业面源污染。在加强农村农业环境整治中，提出加快建设农村环境基础设施；以三峡库区及其上游等国家重大工程地区等为重点，以县为单位开展农村环境集中连片整治。重庆等省市要继续实施全覆盖、"拉网式"农村环境综合整治，严格控制农业面源污染，积极开展农业面源污染综合治理示范区和有机食品认证示范区建设，加快发展循环农业，推行农业清洁生产，提高秸秆、废弃农膜、畜禽养殖粪便等农业废弃物资源化利用水平。推动建立农村有机废弃物收集、转化、利用三级网络体系；实施化肥、农药施用量零增长行动；加大农业畜禽、水产养殖污染物排放控制力度等。

2. 是三峡库区自身生态环境保护的需求

三峡库区是长江上游生态屏障的最后一道关口，生态地位重要。以重庆市为核心的三峡库区地处长江上游，是长江进入中游的最后节点和关键河段。从生态功能区分布看，在《全国生态功能区划（修编版）》中，以重庆辖区为主的三峡库区分布着4个重要生态功能区，即秦巴山生物多样性保护与水源涵养重要区、武陵山区生物多样性保护与水源涵养重要区、大娄山区水源涵养与生物多样性保护功能区以及三峡库区土壤保持重要区。这4个国家重要生态功能区面积覆盖三峡库区全域，约占重庆幅员面积的三分之二。从长江水系流域分布看，库区长江直接流经重庆22个区县，湖北4个区县；嘉陵江和乌江直接流经8个区县，长江二级支流直接流经8个区县，长江一、二级支流均未直接流经的区县只有3个，分别为黔江、城口和秀山。尽管长江干流上游水质质量影响很大，但三峡库区支流水质状况对三峡水库水质保持至关重要。

因此，国家把三峡库区生态环境建设和保护作为三峡后续工作规划的重要内容之一。国务院三峡办2011年在《三峡后续工作规划实施管理暂行办法》提出，三峡后续工作规划实施按照移民安稳致富和促进库区经济社会发展、库区生态环境建设与保护、库区地质灾害防治、三峡工程运行对长江中下游重点影响区影响处理、三峡工程综合管理能力建设和三峡工程综合效益拓展等六方面内容实施。其中生态环境保护涉及库区生态环境建设与保护内容中流动污染源防治，生态屏障区和重要支流有关水土保持，面源污染治理，水生生态与生物多样性保护、生态渔业、外来物种入侵防治，陆生生态与生物多样性保护等具体内容。2014年12月，国务院批复《三峡后续工作规划优化完善意见》，作为对三峡后续工作规划的调整和补充，并与规划一并实施。规划将库区生态环境保护列为三大任务之一。《三峡后续工作规划（2020年修编）工作大纲》仍遵循2011年三峡后续工作规划确定的总体目标，继续把生态环境保护作为其中的六大任务之一。

3. 是实施乡村振兴战略的重要内容

2017年10月18日，习近平同志在党的十九大报告中提出乡村振兴战略，乡村生态振兴是乡村振兴的五大内容之一。在2018年1月2日中央1号文件《中共中央 国务院关于实施乡村振兴战略的意见》中，把加强农村突出环境问题综合治理作为其中的重要任务。提出加强农业面源污染防治，开展农业绿色发展行动，实现投入品减量化、生产清洁化、废弃物资源化、产业模式生态化。推进有机肥替代化肥、畜禽粪污处理、农作物秸秆综合利用、废弃农膜回收、病虫害绿色防控。加强农村水环境治理和农村饮用水水源保护，实施农村生态清洁小流域建设。随后的《乡村振兴战略规划（2018—2022年）》提出，乡村是承担生态涵养功能的主体区，良好生态是乡村发展的最大优势。目前农村环境和生态问题比较突出，加快推行乡村绿色发展方式，加强农村人居环境整治，加快农业面源污染治理，对于构建人与自然和谐共生的乡村发展新格局，实现百姓富、生态美的协调统一具有重大意义。加快农业面源污染治理，对加强耕地保护和建设、保障农产品质量安全、发展新型农业经营主体、加快农业转型升级，以及提升农业科技创新水平、建设生态宜居的美丽乡村作用重大。2020 年《中共中央关于制定国民经济和社会发展第十四个五年规划和二〇三五年远景目标的建议》也把"因地制宜推进农村改厕、生活垃圾处理和污水治理，实施河湖水系综合整治，改善农村人居环境"列入"优先发展农业农村，全面推进乡村振兴"的任务之中。

4. 是承担全国主体功能区规划的基本要求

2010 年《全国主体功能区规划》将成渝地区划为"国家层面的重点开发区域"，该区域位于全国"两横三纵"城市化战略格局中沿长江通道横轴和包昆通道纵轴的交会处，包括重庆经济区和成都经济区。其中，重庆经济区包括重庆市西部以主城区为中心的部分地区。主要任务包括加强农业基础设施建设，推进优势特色产业发展，发展农业循环经济，保护与合理开发三峡库区渔业资源，以及加强长江、嘉陵江流域水土流失防治和水污染治理，改善中梁山等山脉的生态环境，构建以长江、嘉陵江、乌江为主体，林地、浅丘、水面、湿地带状环绕、块状相间的生态系统等内容。

长江经济带是我国重要的水土保持、洪水调蓄功能区，以及生态安全屏障区。嘉陵江上游、武陵山等地区是国家水土流失重点预防区，嘉陵江及三峡库区等地区是国家水土流失重点治理区。

依据《全国生态功能区划》（2015），涵盖三峡库区在内的秦岭—大巴山区是我国重要的水源涵养生态功能区。该类型区的主要生态问题包括人类活动干扰强度大；生态系统结构单一，生态系统质量低，水源涵养功能衰退。区域生态保护方向之一是控制水污染，减轻水污染负荷，禁止导致水体污染的产业发展，开展生态清洁小流域建设等。以四川盆地为主要区域、覆盖渝西地区，是三峡库区及影响区范围内主要农产品的提供区，该类型区域存在的主要生态问题是土壤肥力下降、农业面源污染严重，区域生态保护主要方向有严格保护基本农田，培养土壤肥力；加强农田基本建设，增强抗自然灾害的能力；加强水利建设，大力发展节水农业；种养结合，科学施肥；发展无公害农产品、绿色食品和有机食品；调整农业产业和农村经济结构，合理组织农业生产和农村经济活动等。

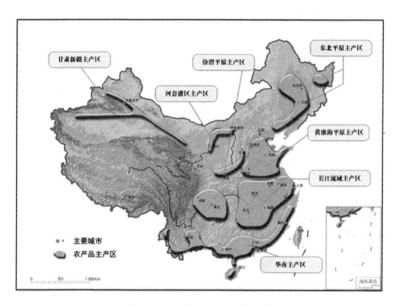

图 3-1　农业战略格局示意图

图片来源：《全国主体功能区规划》（2010）

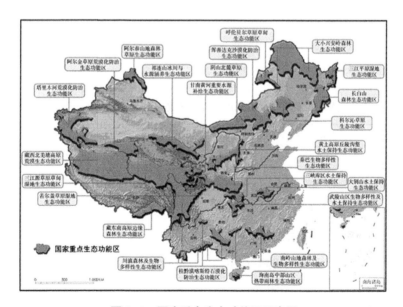

图 3-2　国家重点生态功能区示意图

图片来源：《全国主体功能区规划》（2010）

（三）三峡库区农业面源污染状况

根据 2016 年重庆三峡库区废水污染源排放量统计数据，其中化学需氧量和氨氮两项检测指标表明，来自工业源的化学需氧量和氨氮的排放总量占比仅分别为 7.2% 和 3.2%，而来自农业源的化学需氧量和氨氮的排放总量占比都在 90% 以上。因此，根据学术界对面源污染问题的认识以及相关污染源排放数据，可以得出三峡库区面源污染主要来源是农业面源污染的结论。

图 3-3　重庆三峡库区及影响区污染源排放量情况（单位：万吨）

数据来源：重庆环境统计年鉴（2017）

表 3-7　重庆三峡库区及影响区水体污染源排放及占比情况（单位：%）

污染物来源	工业源	农业源	生活源	集中式处理设施
化学需氧量排放占总排放量的比	7.2	92.5	0.1	0.2
氨氮排放占总排放量的比	3.2	96.3	0.1	0.4

数据来源：重庆市污染源专项统计（2017）

三峡库区面源污染占总入库负荷的 60%～80%，农业面源污染所占比例很大，主要污染物为总磷（TP）、有机物（BOD_5 五日生化需氧当量）、总氮（TN）、有机物（CODCr 化学需氧当量）等。

不同土地利用类型中，耕地为主要污染负荷产出源头，泥沙、TN、TP

负荷分别达到库区总量产出的 91.34%、76.26% 和 83.69%。库区种植业结构不合理，整体水平不高，生产方式仍然比较粗放，绿色生态产业发展尚不成熟，农药化肥流失污染、作物秸秆污染、养殖污染、农村生活污染等面源污染防治效果不佳；支流区域内浅丘较多，坡耕地分布广，部分区域在坡耕地水土流失严重，如遇强降雨，水流夹杂泥土急流直下进入河道，对支流水环境影响较大。自《三峡后续工作规划实施管理暂行办法》实施以来，三峡库区干流和主要支流的水质逐年改善，取得较好的生态环境保护成效。但是支流水质情况仍不容乐观，三峡库区流域面积在 90km² 以上的 40 条支流均发生过水华现象，部分河段存在水质超标问题，生态修复和环境系统治理措施少，三峡库区重要支流水体修复与水华控制项目实施进度缓慢，截至 2019 年年底，仅仅开展了 4 条重要支流的生境保护与修复，支流富营养化问题尚未明显改善。由于湖北省三峡库区的四个区县的环境数据无法单独列出，以下涉及的环境质量数据基本为重庆市数据。

1. 部分支流受农业面源污染影响较大

（1）地表水质总体良好，但存在农业源污染威胁

从 2017 年重庆市环境状况公报看，重庆三峡库区及影响区监测的 211 个断面中，水质为 Ⅰ～Ⅲ 类的断面占 83.9%，满足水域功能要求的断面占 87.7%，重庆三峡库区及影响区地表水总体水质为良好。三峡库区湖北境内长江水质总体为优。

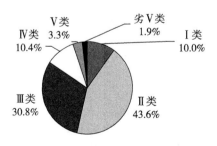

图 3-4　2017 年重庆市三峡库区及影响区地表水水质情况

数据来源：2017 年重庆市环境状况公报

地表水主要超标污染物为总磷、化学需氧量和氨氮。基于 2017 年重庆地表水质监测断面的统计数据，重庆三峡库区及影响区河流地表水水质出现超标的指标为总磷、化学需氧量、高锰酸盐指数、氨氮、五日生化需氧量、石油类、溶解氧、挥发酚和阴离子表面活性剂等 9 项，主要污染指标为总磷和化学需氧量、氨氮，其中超标范围较大的指标为总磷和氨氮（见表 3-8），其中国考监测断面污染物超标情况见附表。

表 3-8 　重庆三峡库区及影响区河流水质情况一览表

序号	水质类别	占断面总数比例（％）	考核达标情况
1	Ⅰ类	0.5	达标
2	Ⅱ类	49.8	达标
3	Ⅲ类	33.6	达标
4	Ⅳ类	9.0	18 个断面不达标，包括国控断面 2 个，濑溪河高洞电站[①]和玉滩水库库心[②]
5	Ⅴ类	3.3	5 个不达标（包括　）
6	劣Ⅴ类	3.8	8 个不达标，其中 5 个是嘉陵江支流断面。（包括　）

数据来源：2017 年重庆市环境状况公报

表 3-9 　重庆市三峡库区及影响区河流地表水水质年均超标情况

项目名称	监测断面数	超标监测断面数	超标比例（％）	超标倍数范围
总磷	211	30	14.2	0.01 ~ 3.82
化学需氧量	211	28	13.3	0.00 ~ 0.75
高锰酸盐指数	211	12	5.7	0.06 ~ 0.43
氨氮	211	11	5.2	0.01 ~ 3.77
五日生化需氧量	211	8	3.8	0.03 ~ 1.35

① 濑溪河为沱江左岸一级支流，发源于重庆市大足区中敖镇白云村，流经重庆大足、重庆荣昌、四川省泸县和龙马潭区，于四川省泸州市龙马潭区胡市镇注入沱江。濑溪河河干流全长 238 公里，全流域面积 3257 平方公里，天然落差 223 米，平均坡降约 1.1‰。其中大足境内河段长 71.4 公里，流域面积 929.9 平方公里；荣昌境内流长 51.5 公里，流域面积 708 平方公里。濑溪河高洞电站位于荣昌区。
② 玉滩水库工程位于重庆西部大足区境内，坝址位于沱江支流濑溪河中上游珠溪镇以上 2.5 公里的玉滩村，距上游大足约 37 公里，距下游主要受水区荣昌约 28 公里，是重庆市西部供水规划中的四大供水工程之一，也是濑溪河流域 30 余万亩耕地灌溉的主要水源工程。

续表

项目名称	监测断面数	超标监测断面数	超标比例（%）	超标倍数范围
石油类	211	4	1.9	0.69～4.72
溶解氧	211	1	0.5	—
挥发酚	211	1	0.5	0.27
阴离子表面活性剂	211	1	0.5	0.03

数据来源：2017 年重庆市环境状况公报

2017 年，省界断面水质总体良好。监测的 62 个断面中，Ⅰ～Ⅲ类水质断面占 83.9%，主要污染指标为总磷、化学需氧量和高锰酸盐指数。其中，45 个省界入境断面中，Ⅰ～Ⅲ类水质断面占 82.2%，Ⅳ类、Ⅴ类和劣Ⅴ类水质的断面比例分别占 9.0%、4.4% 和 4.4%，主要污染物为总磷、化学需氧量、高锰酸盐指数和氨氮。17 个省界出境断面中，Ⅰ～Ⅲ类水质断面占 88.2%，其中Ⅰ类、Ⅱ类、Ⅲ类的断面比例分别为 5.9%、47.0%、35.3%，Ⅳ类水质的断面比例为 11.8%，主要污染物为总磷、高锰酸盐指数和化学需氧量。

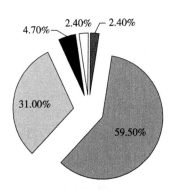

图 3-5　重庆市国控考核出境断面总体水质类别分布

数据来源：2017 年重庆市环境状况公报

（2）长江干流水质很好，基本不受面源污染影响

2017 年长江干流 15 个监测断面中，Ⅰ～Ⅲ类水质比例为 100%，与上一年度持平。

表 3-10　2017 年长江干流水质综合情况表

序号	区域名称	断面名称	断面水域功能	12 月水质类别	主要污染指标（超标倍数）	1～12 月水质类别	备注
1	永川区	朱沱	Ⅱ	Ⅱ		Ⅱ	川入渝境
2	江津区	江津大桥	Ⅲ	Ⅱ		Ⅱ	入库断面
3	大渡口	丰收坝	Ⅲ	Ⅱ		Ⅱ	
4	九龙坡	和尚山	Ⅲ	Ⅱ		Ⅱ	
5	南岸区	寸滩	Ⅲ	Ⅱ		Ⅱ	
6	江北区	鱼嘴	Ⅲ	Ⅱ		Ⅱ	
7	长寿区	扇沱	Ⅲ	Ⅱ		Ⅱ	
8	涪陵区	鸭嘴石	Ⅲ	Ⅱ		Ⅱ	
9		清溪场	Ⅲ	Ⅱ		Ⅱ	
11	丰都县	大桥	Ⅲ	Ⅱ		Ⅱ	
11	忠县	苏家	Ⅲ	Ⅱ		Ⅱ	
12	万州区	晒网坝	Ⅲ	Ⅱ		Ⅱ	
13	云阳县	苦草沱	Ⅲ	Ⅱ		Ⅱ	
14	奉节县	白帝城	Ⅲ	Ⅱ		Ⅱ	

数据来源：2017 年重庆市环境状况公报

（3）支流水质受农业面源污染影响较大

2017 年，114 条长江支流总体水质为良好。监测的 196 个断面中，Ⅰ～Ⅲ类水质断面占 83.7%，Ⅳ类、Ⅴ类和劣Ⅴ类水质断面分别占 8.7%、3.6% 和 4.0%（见表 3-11）；主要污染指标为总磷、化学需氧量和高锰酸盐指数，断面超标率分别为 15.8%、13.8%、6.1%。

表 3-11　长江支流水质总体评价统计

水质类别	12 月		1-12 月	
	断面数	比例（%）	断面数	比例（%）
Ⅰ类	21	10.7	2	1.0
Ⅱ类	77	39.3	92	47.0
Ⅲ类	65	33.2	70	35.7
Ⅳ类	22	11.2	17	8.7

续表

水质类别	12月		1—12月	
	断面数	比例（%）	断面数	比例（%）
Ⅴ类	7	3.6	7	3.6
劣Ⅴ类	4	2.0	8	4.0
合计	196	100	196	100
其中：				
Ⅳ—劣Ⅴ类	33	16.8	32	16.3
满足水域功能	171	87.3	172	87.8
未满足水域功能	25	12.7	24	12.2

数据来源：2017年重庆市环境状况公报

其中，嘉陵江干流水质优良，支流污染较为严重。嘉陵江流域共设47个监测断面，干流4个断面均为Ⅱ类水质；其他43个支流监测断面中，Ⅰ类、Ⅱ类、Ⅲ类、Ⅳ类、Ⅴ类和劣Ⅴ类水质的断面比例分别为2.3%、27.9%、32.6%、20.9%、9.3%和7.0%，Ⅰ～Ⅲ类水质断面比例仅为62.8%，主要污染指标为化学需氧量、总磷和氨氮。

其中，乌江干流水质总体优良。乌江流域共设21个监测断面，干流6个断面水质均为Ⅲ类；其他15个支流断面中，Ⅰ～Ⅲ类水质断面比例为86.7%。

从2018年5月水质检测数据看，7个国家考核断面未达要求，分别为江津区临江河朱杨溪、大足区玉滩水库、璧山区璧南河两河口、荣昌区濑溪河高洞电站、武隆区大溪河鸭江镇、云阳县澎溪河高阳渡口、奉节县梅溪河罗汉大桥；8个断面水质为劣Ⅴ类，分别为沙坪坝区梁滩河西西桥、九龙坡区梁滩河童善桥、九龙坡区梁滩河五星桥、北碚区梁滩河龙凤河口、巴南区花溪河敬老院、长寿区桃花河碧桂园、永川区临江河茨坝、大足区（双桥经开区）太平河漫水桥。15个市级监测断面不达标，分别是濑渡河、后河、桃花河、璧南河、南溪口河、九龙河、小安溪、淮远河、大清流河、渔箭河、琼江、汇龙河、卧龙河、扶欢河等14条河流的15个断面不达标，涉及万州、渝北、长寿、江津、合川、永川、大足、荣昌、铜梁、垫江、万盛等 11 个区县（经开区）。

表 3-12 重庆市三峡库区支流水质年均超标项目情况表

序号	检测指标	监测断面数	超标比例（%）	超标倍数范围	均值超标最大的断面
1	化学需氧量	72	20.8	0.13～0.45	苎溪河关塘口
2	总磷	72	18.1	0.08～1.00	花溪河敬老院
3	氨氮	72	9.7	0.15～1.49	花溪河敬老院
4	五日生化需氧量	72	6.9	0.03～0.04	花溪河石龙桥

数据来源：重庆市环境保护局，作者整理。

表 3-13 长江支流监测断面超标情况

河流名称	监测断面名称	监测断面区域	断面水域功能	水质类别	超标污染物及超标倍数
嘉陵江	琼江光辉	潼南区	Ⅲ	Ⅳ	化学需氧量 0.36，总磷 0.09
嘉陵江	琼江红星大桥	潼南区	Ⅲ	Ⅳ	化学需氧量 0.41，总磷 0.20
嘉陵江	天平河漫水桥	荣昌区	Ⅲ	劣Ⅴ	化学需氧量 0.24，总磷 2.46
嘉陵江	汇龙河龙门滩	铜梁区	Ⅲ	劣Ⅴ	化学需氧量 0.30，总磷 1.30
嘉陵江	小安溪双河口	铜梁区	Ⅲ	Ⅳ	化学需氧量 0.26，总磷 0.07
嘉陵江	坛罐窑河白鹤桥	潼南区	Ⅲ	劣Ⅴ	化学需氧量 0.35，总磷 1.82，氨氮 0.28
嘉陵江	姚市河白沙	潼南区	Ⅲ	Ⅴ	化学需氧量 0.69，总磷 0.79，高锰酸盐指数 0.39
嘉陵江	小安溪段家塘	铜梁区	Ⅲ	Ⅳ	化学需氧量 0.15，总磷 0.10
嘉陵江	梁滩河五星桥	九龙坡区	Ⅴ	劣Ⅴ	石油类 4.72，总磷 1.91，氨氮 1.54
嘉陵江	梁滩河童善桥	九龙坡区	Ⅴ	劣Ⅴ	石油类 1.81，总磷 2.92，氨氮 3.77
嘉陵江	平摊河牛角滩		Ⅲ	劣Ⅴ	总磷 3.82，氨氮 3.34，化学需氧量 0.75
嘉陵江	新街河新街桥	梁平	Ⅲ	Ⅴ	总磷 0.27，氨氮 0.58，化学需氧量 0.01
乌江	乌江万木	酉阳	Ⅲ	Ⅳ	总磷 0.21
乌江	大溪河平桥镇	武隆	Ⅲ	Ⅳ	总磷 0.13
其他	濑溪河高洞电站	荣昌	Ⅲ	Ⅳ	高锰酸盐指数 0.01，化学需氧量 0.01
其他	渔箭河长岭	荣昌区	Ⅲ	Ⅳ	化学需氧量 0.29，高锰酸盐指数 0.34
其他	马鞍河天皇	荣昌区	Ⅲ	Ⅳ	高锰酸盐指数 0.12，总磷 0.11
其他	大陆溪河四明水厂	永川区	Ⅲ	Ⅳ	化学需氧量 0.02

河流名称	监测断面名称	监测断面区域	断面水域功能	水质类别	超标污染物及超标倍数
其他	临江河茨坝	永川区	Ⅲ	劣Ⅴ	总磷1.13，化学需氧量0.36
其他	临江河朱杨溪	江津区	Ⅲ	Ⅴ	总磷0.63，化学需氧量0.12
其他	九龙河矮墩桥	永川区	Ⅲ	Ⅳ	石油类0.97，总磷0.19，高锰酸盐指数0.10
其他	花溪河敬老院	巴南区	Ⅴ	劣Ⅴ	氨氮1.49，总磷1.00，化学需氧量0.34
其他	桃花溪碧桂园	长寿区	Ⅲ	Ⅴ	氨氮0.79，总磷0.43，化学需氧量0.29
其他	碧溪河斑竹	丰都县	Ⅲ	Ⅴ	总磷0.60
其他	卧龙河五洞	垫江县	Ⅲ	Ⅳ	总磷0.09
其他	瀼渡河逍遥庄	万州区	Ⅲ	Ⅳ	化学需氧量0.13，总磷0.0,

数据来源：重庆市环保局，2017年

支流中约1/3断面存在不同程度的富营养化状态。2017年，重庆三峡库区及影响区36条支流72个断面中，水质呈中营养断面比例为69.5%，呈富营养的断面比例为29.2%，其中中度富营养和轻度富营养的比例分别为4.2%和25.0%（见表3-14），主要污染物为总磷、化学需氧量和高锰酸盐指数。富营养程度较重的为万州区竺溪河和巴南区花溪河。其中，36个非回水区中，水体呈中度富营养、轻度富营养和中营养的断面分别有1个、8个和27个，其中中度富营养和轻度富营养的比例分别为2.8%和22.2%，水质呈中营养的断面比例为75.0%。36个回水区中，水体呈中度富营养、轻度富营养和中营养的断面分别有2个、10个和24个，其中中度富营养和轻度富营养的比例分别为5.5%和27.8%，水质富营养的断面比例同比持平。

表3-14 重庆市三峡库区支流营养状况表

营养状况	非回水区		回水区		合计	
	断面数	比例（%）	断面数	比例（%）	断面数	比例（%）
贫营养	0	0	0	0	0	0
中营养	27	75.0	24	66.7	51	70.8

营养状况 断面数		非回水区		回水区		合计	
		断面数	比例（%）	断面数	比例（%）	断面数	比例（%）
富营养	轻度富营养	8	22.2	10	27.8	18	25.0
	中度富营养	1	2.8	2	5.5	3	4.2
	重度富营养	0	0	0	0	0	0
	小计	9	25.0	12	33.3	21	29.2

数据来源：重庆市环保局，2017年

（4）大中型水库受农业面源污染不同程度影响

2017年，重庆三峡库区及影响区104座大中型水库富营养程度总体较轻。营养状态指数在14.9～56.9之间，其中15座水库为轻度富营养（占14.4%），其余水库的营养状态在贫营养和中营养之间。

表3-15 重庆市三峡库区及影响区大中型水库轻度富营养状况表

序号	水库名称	水质类别	超标污染物及其倍数	综合营养指数	所在区县
1	水磨滩水库	Ⅲ		51.1	涪陵区
2	新桥水库	Ⅲ		53.2	渝北区
3	八一桥水库	Ⅲ		56.8	涪陵区
4	双合水库	Ⅲ		51.9	垫江县
5	白鹤水库	Ⅲ		50.7	合川区
6	迎龙湖	Ⅴ	总磷1.02	56.3	南岸区
7	马颈子水库	Ⅴ	总磷0.52，五日生化需氧量0.40，化学需氧量0.35	50.5	綦江县
8	甘宁水库	Ⅳ	总磷0.80，化学需氧量0.03	54.5	万州区
9	鱼背山水库	Ⅳ	总磷0.16，化学需氧量0.34	54.5	万州区
10	大滩口水库	Ⅳ	总磷0.56，化学需氧量0.10，五日生化需氧量0.01	54.5	万州区
11	向家咀水库	Ⅴ	总磷1.70	56.3	万州区
12	上游水库	Ⅲ		50.4	永川区
13	卫星湖水库	Ⅲ		50.2	永川区
14	狮子滩水库	Ⅴ	总磷1.84	54.7	长寿区
15	玉滩水库	Ⅳ	总磷0.56	52.7	大足区

数据来源：重庆市环保局统计数据，2017年

（5）地表水总体虽好，农业面源影响随时存在。三峡库区及影响区地表水水质总体良好，长江干流水质总体为优，长江支流水质总体良好，大中型水库水质总体良好。其中：

1）地表水水质Ⅰ~Ⅲ类的断面占83.9%，满足水域功能要求的断面占87.7%，排名靠后的区县是九龙坡区、沙坪坝区、永川区、荣昌区和铜梁区。超标的主要污染为总磷和化学需氧量、氨氮，其中超标范围较大的是总磷和氨氮。2017年未达到国考要求的有玉滩水库库心和临江河朱杨溪；其中蒲河寨溪大桥、璧南河两河口、琼江中和与阿蓬江红花村4个断面在12月份未达到国考要求。

2）长江干流Ⅰ~Ⅲ类水质比例为100%，同比上一年度持平。

3）长江支流水质总体良好。196个监测断面中，Ⅳ类以下占16.3%；主要污染指标为总磷、化学需氧量和高锰酸盐指数。2017年，国控考核断面总体水质为优，42个监测断面中，Ⅳ类以下水质占比7.1%，其中玉滩水库库心和临江河朱杨溪2个断面未达到国考要求。

4）2017年，库区36条支流72个断面中，水质呈中营养断面比例约为70%，呈富营养的断面比例为29.2%，其中中度富营养和轻度富营养的比例分别为4.2%和25.0%，主要污染物为总磷、化学需氧量和高锰酸盐指数，富营养程度较重的河流为万州区竺溪河和巴南区花溪河。

5）大中型水库富营养程度总体较轻，轻度富营养占比14.4%，主要分布在涪陵区、渝北区、垫江县、璧山区、合川区、南岸区、綦江县、万州区、永川区、长寿区、大足区。

6）2017年，重庆三峡库区及影响区省界断面总体水质为良好。主要污染指标为总磷、化学需氧量和高锰酸盐指数。出境断面中Ⅰ~Ⅲ类水质断面占88.2%，主要污染物为总磷、高锰酸盐指数和化学需氧量。

2.土壤质量受农业面源污染影响较大

（1）重庆三峡库区土壤酸化情况

土壤的酸性程度（pH值）对于植物生长至关重要。当土壤pH值下降，形成酸性土壤，影响土壤中的生物活性，改变土壤养分形态，降低养分有效性，疾病和害虫增多并阻碍植物生长，酸性土壤环境还会加速有毒金属向周围水体滤出，促使游离的锰、铝离子溶入土壤溶液中，对作物产生毒害作用。据美国《科学》杂志报道，从20世纪80年代至今，中国几乎所有土壤类型的酸碱度都下降了0.1～0.8个单位，这种土壤酸化规模"通常需要几十万年的时间"。土壤酸化一方面可能由酸雨造成，另一方面，由于农业中的施石灰、烧火粪、施有机肥等传统措施消失，使耕地土壤养分失衡，为追求农作物产量，长期、过量施用化肥是造成土壤酸化的重要原因，也有很多研究确认了过量使用化肥是造成土壤酸化的首要原因。

根据重庆三峡库区及影响区近十年采集的35个区县的175812个土壤样品分析，土壤pH在6.5以下的土壤样品占57.94%，其中pH介于4.5-5.5的酸性土壤样品占31.17%，pH<4.5的强酸性土壤样品占4.77%（pH<5.5的土壤总样品数占35.94%）。

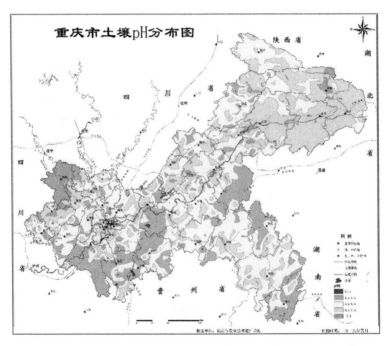

图3-6　重庆市三峡库区及影响区土壤pH分布图

重庆三峡库区及影响区有 17 个区县（含万盛经开区）的酸性和强酸性土壤样品总数量百分比超过了区域平均水平，分别是：南川占 64.99%，秀山占 60.20%，黔江占 59.83%，綦江占 59.35%，江津占 59.25%，万盛 58.43%，石柱 54.83%，涪陵 52.17%，永川 48.30%，长寿 45.40%，璧山 43.17%，渝北 42.79%，北碚 39.36%，九龙坡 38.08%，荣昌 37.73%，梁平 37.06%，酉阳 36.25%，具体见附表。

与 1979 年全国第二次土壤普查时的 pH 值比较，土壤酸化面积增加大、程度加深，强酸性土壤增加了 4.64%，酸性土壤增加了 24.52%。pH<5.5 的土壤总共增加 29.16%。

表 3-16　重庆三峡库区及影响区不同时段土壤 pH 情况

时间	pH					
	<4.5	4.5-5.5	5.6-6.5	6.5-7.5	7.5-8.5	>=8.5
现在	4.77	31.17	21.45	18.85	23.33	0.43
二普	0.13	6.64	33.32	36.56	22.30	1.05
变化	+4.64	+24.52	-11.87	-17.71	+1.03	-0.61

数据来源：重庆市农业农村委员会

其中有 15 个区县（含万盛经开区）的酸性和强酸性土壤点数增加值超过 30%，分别是秀山 60.20%、江津 53.42%、石柱 50.29%、南川 46.74%、綦江 45.44%、长寿 45.40%、永川 43.90%、璧山 42.19%、渝北 38.04%、酉阳 36.25%、武隆 34.25%、开县 34.00%、梁平 33.76%、涪陵 32.77%、丰都 32.25%。

表 3-17　重庆三峡库区及影响区各区县土壤 pH 变化趋势（pH 小于 5.5 占比）

区县	现在 %	二普 %	增减（%）
秀山	60.20	0.00	60.20
江津	59.25	5.83	53.42
石柱	54.83	4.54	50.29
南川	64.99	18.25	46.74
綦江	59.35	13.91	45.44

区县	现在 %	二普 %	增减（%）
长寿	45.40	0.00	45.40
永川	48.30	4.41	43.90
璧山	43.17	0.98	42.19
渝北区	42.79	4.75	38.04
酉阳	36.25	0.00	36.25
武隆	34.35	0.00	34.35
开县	34.1	0.10	34.00
梁平	37.06	3.30	33.76
涪陵	52.17	19.40	32.77
丰都	32.26	0.02	32.25
合川	30.45	2.67	27.79
九龙坡区	38.08	13.64	24.44
黔江	59.83	36.55	23.27
万盛	58.43	35.45	22.99
彭水	30.10	11.49	18.61
铜梁	25.76	9.33	16.43
垫江	26.10	10.82	15.27
巴县	22.35	9.43	12.92
沙坪坝	30.62	19.32	11.30
荣昌	37.73	29.43	8.30
大足 3–	11.48	3.76	7.72
潼南	3.74	0.12	3.62
北碚	39.36	55.78	−16.42

数据来源：重庆市农业农村委员会

（2）三峡库区土壤酸化区域分布

pH<5.5 的土壤主要分布在重庆三峡库区及影响区 32 个区县的 205 个乡镇中，具体分布情况详见表 3–18。

表 3-18 重庆三峡库区及影响区酸性土壤主要分布乡镇

区县	乡镇
沙坪坝区	曾家镇、陈家桥镇、凤凰镇、歌乐山镇
九龙坡区	巴福镇、白市驿镇、含谷镇
北碚区	北温泉街道、蔡家岗镇、澄江镇、东阳街、道复兴镇
渝北区	茨竹镇、大盛镇、大湾镇、古路镇、龙兴镇、洛碛镇、木耳镇、石船镇、双凤桥街道、双龙湖街道
合川区	草街镇、大石镇、钓鱼城街道
潼南区	安兴乡
大足区	宝顶镇
荣昌区	安富街道办事处、昌元街道办事处、昌州街道办事处、峰高街道办事处、古昌镇、观胜镇、广顺街道办事处、河包镇
永川区	板桥镇、宝峰镇、陈食镇、大安镇、何埂镇、红炉镇、吉安镇
铜梁区	安居镇、安溪镇、巴川街道办事处、白羊镇、大庙镇、东城街道办事处、二坪镇、高楼镇、虎峰镇
璧山区	八塘镇、璧城街道、大路镇、大兴镇、丁家街道、福禄镇、广谱镇
江津区	白沙镇、柏林镇、蔡家镇、慈云镇、德感街道、杜市镇、广兴镇、几江街道、嘉平镇、贾嗣镇、李市镇、龙华镇、珞璜镇、石蟆镇、石门镇、双福镇、四面山镇、塘河镇
巴南区	东温泉
綦江区	安稳镇、打通镇、丁山镇、东溪镇、扶欢镇、赶水镇、古南街道、古南镇、郭扶镇、横山镇、隆盛镇、三江街道、三角镇、石壕镇、石角镇
万盛区	丛林镇、关坝镇、黑山镇、金桥镇、南桐镇、青年镇、石林镇
南川区	白沙镇、大观镇、大有镇、德隆乡、东城街道办事处、峰岩乡、福寿乡、古花乡、合溪镇、河图乡、金山镇、冷水关乡、民主乡、鸣玉镇、木凉乡、南城街道、南平
涪陵区	白涛街道、百胜镇、堡子镇、丛林乡、大木乡、大顺乡、江北街道、江东街道、焦石镇、李渡街道
长寿区	八颗镇、但渡镇、渡舟镇、凤城街道、葛兰镇、海棠镇、洪湖镇、江南镇、邻封镇、龙河镇、石堰镇、双龙镇、万顺镇
丰都县	包鸾镇、保合乡、崇兴乡、董家镇、都督乡、高家镇、虎威镇、暨龙乡、江池镇、栗子乡、龙河镇
垫江县	白家乡、包家乡、曹回乡
忠县	拔山镇、白石镇
梁平区	安胜乡、柏家镇、碧山镇、城北乡、城东乡、大观镇、福禄镇、复平乡
万州区	白土镇、白羊镇、百安坝街道、陈家坝街道、茨竹乡

续表

区县	乡镇
开州	白鹤街道、白桥镇、白泉乡、大德镇、大进镇
巫溪区	白鹿镇、朝阳洞乡、城厢镇
城口县	巴山镇
石柱区	大歇乡、枫木乡、河嘴乡、黄鹤乡、黄水镇、金铃乡、金竹乡、冷水乡、黎场乡、临溪镇、六塘乡、龙沙镇、龙潭乡、马武镇、南宾镇、桥头镇、三河乡、三星乡、三益乡
武隆区	白马镇、凤来乡、和顺乡、后坪乡、黄莺乡、火炉镇、接龙乡
彭水县	鞍子乡、保家镇、棣棠乡、靛水乡
黔江区	阿蓬江镇、白石乡、白土乡、城东街道、城南街道、城西街道、鹅池镇、冯家镇、黑溪镇、黄溪镇、金洞乡、金溪镇、黎水镇
酉阳县	板桥乡
秀山县	隘口镇、巴家乡、保安乡、岑溪乡、大溪乡、峨溶镇、干川乡

数据来源：重庆市农业农村委员会

3.化肥农药使用量总体呈下降趋势

（1）三峡库区部分地区亩均化肥施用量仍然偏高

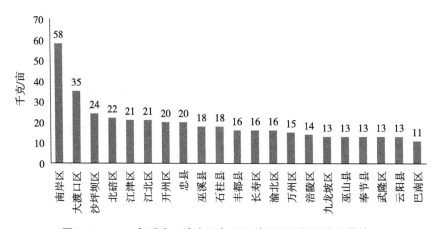

图 3-7 2017年重庆三峡库区各区县单位面积化肥施用量情况

数据来源：《重庆统计年鉴》，作者整理。

单位面积化肥施用量情况反映了土地化肥施用强度。根据重庆农作物播种面积大小，计算2017年各个区县单位面积农用化肥施用量情况并进行排名。2017 年三峡库区范围内，单位面积农用化肥施用量排名前三的是南岸区、大渡口区和沙坪坝区，分别为 58 千克/亩、35 千克/亩、24 千克/亩；三峡库区影响区范围内单位面积农用化肥施用量排名前三的是永川区、梁平区和铜梁区，分别为 43 千克/亩、29 千克/亩、26 千克/亩。

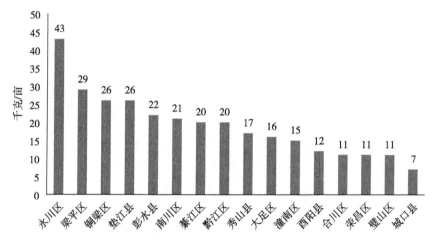

图 3-8　2017 年重庆三峡库区影响区各区县单位面积化肥施用量情况

数据来源：《重庆统计年鉴》，作者整理。

（2）三峡库区化肥农药使用量总体呈下降趋势

由于重庆市开展了推动化肥、农药零增长行动，可能出现了成效。2017 年化肥、农膜使用实现"两降两提一增"。2017 年化肥、农药使用量继续呈下降趋势，主要农作物农药使用量 7619.91 吨，同比减少 4.34%。化肥、农药利用率稳步提高，主要农作物化肥利用率提高到 36.5%，同比提高 2 个百分点；主要农作物农药利用率预计提高到 38% 以上，同比提升约 1 个百分点。从 2016—2017 年三峡库区及其影响区农用化肥施用量的情况看，总体呈现下降趋势，仅大足区从 2016 年的 27959 吨上升到 2017 年的 28017 吨，化肥施用量略有提高。

从三峡库区的情况看，2017 年农用化肥施用总量为 45.3 万吨，比 2016 年降低了 0.36 万吨，重庆主城区的降低量为 0.07 万吨，占三峡库区总降低量的 20%。

2017 年三峡库区范围内，农用化肥施用量排名前三的区县分别是开州区（5.47 万吨）、江津区（4.98 万吨）、涪陵区（3.95 万吨），占三峡库区总量的 32%。

2017 年三峡库区影响区农用化肥施用总量为 50.2 万吨，比 2016 年减少了 0.34 万吨。2017 年农用化肥施用总量排名前三位的分别是永川区（7.04 万吨）、梁平区（4.61 万吨）、彭水县（3.98 万吨），占三峡库区影响区施用总量的 31%。

图 3-9　2017 年重庆三峡库区农用化肥施用量排名情况

数据来源：《重庆统计年鉴》，作者整理。

图 3-10　2017 年重庆三峡库区影响区农用化肥施用量排名情况

数据来源：《重庆统计年鉴》，作者整理。

从 2016—2017 年三峡库区及其影响区农药使用量的情况看，所有区县均呈现下降趋势。从三峡库区的情况看，2017 年农药使用量为 8536 吨，比 2016 年减少 77 吨，主城区的降低量为 17 吨，占三峡库区总降低量的

22%。2017年三峡库区范围内农药使用量排名前三的区县分别是涪陵区
（1335吨）、万州区（1128万吨）、江津区（1093吨），占三峡库区总量的
41.66%。2017年三峡库区影响区农药使用量为8932吨，比2016年减少了
60吨。2017年农药使用量排名前三位的分别是永川区（1945吨）、梁平
区（1275吨）、黔江区（665吨），占三峡库区影响区施用总量的43.5%。

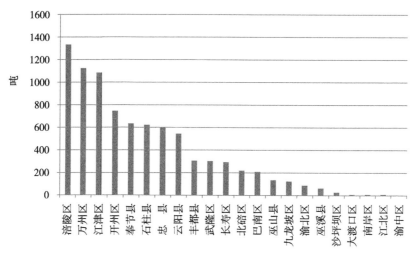

图3-11　2017年重庆三峡库区农药使用量排名情况

数据来源：《重庆统计年鉴》，作者整理。

图3-12　2017年重庆三峡库区影响区农药使用量排名情况

数据来源：《重庆统计年鉴》，作者整理。

（3）三峡库区化肥农药使用效果

从单位播种面积的农药使用情况看，2017 年重庆三峡库区范围内九龙坡区、北碚区、涪陵区排在前三位，分别为 0.81 千克 / 亩、0.54 千克 / 亩、0.47 千克 / 亩。2017 年重庆三峡库区影响区范围内永川区、梁平区、黔江区排在前三位，分别为 1.2 千克 / 亩、0.8 千克 / 亩、0.52 千克 / 亩。

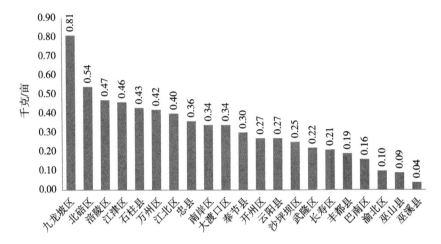

图 3-13　重庆三峡库区各区县单位面积农药使用量情况（2017 年）

数据来源：《重庆统计年鉴》，作者整理。

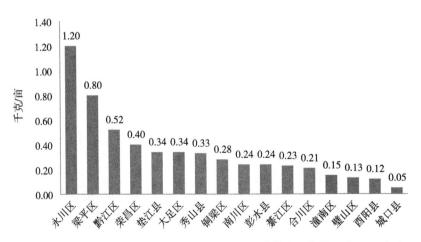

图 3-14　重庆三峡库区影响区各区县单位面积农药使用量情况（2017 年）

数据来源：《重庆统计年鉴》，作者整理。

从单位播种面积化肥、农药使用情况看，尽管重庆主城部分区县排名靠前，但综合其化肥农药使用总量，由于总数量较少，因此其对三峡库区环境污染影响较小。结合前面化肥农药总使用量，三峡库区范围内的江津区、开州区、忠县、万州区、三峡库区影响区范围内的永川区、梁平区、铜梁区应成为面源污染的重点监督对象。

另外，农药化肥施用总量居高不下，利用率低，重庆三峡库区及影响区化肥使用量约96.2万吨（折纯后），利用率为34.5%，农药使用量约1.75万吨，利用率为37.2%，流失的农药化肥均进入水体造成污染。

4. 秸秆利用量少、水产养殖范围受到限制

三峡库区属于丘陵山地，地形高低起伏，坡耕地比重较大，无法使用机械设备方便收获和粉碎秸秆，加上劳动力缺乏，造成农作物秸秆收集难度很大，还田规模利用率不高。

在水产养殖方面，由于有渔业法以及地方实施条例等规范，三峡库区按照农业部养殖水域滩涂规划编制工作规范与编制大纲，具体实施了对水域水产养殖功能区划分，均按水域功能划分对水产养殖进行了分类和管理。在重庆市水产养殖功能区划分方案中，水产养殖禁养区包括饮用水水源地一级保护区；港口、航道、行洪区、河道堤防安全保护区等公共设施安全领域以及法律法规规定的其他禁止从事水产养殖的区域，生态保护红线区域和城市建成区域。限养区范围则包括饮用水水源二级保护区，自然保护区实验区和外围保护地带，城市规划区内的养殖水域，水源涵养区河流10年一遇洪水所能淹没的水域及河岸两侧纵深各50米陆域以及用于农业农村生产生活用水的库体。水产禁养区、限养区以外的水域滩涂为水产养殖区。目前，三峡库区及影响区范围内，网箱养殖及肥水养殖等水体污染隐患较大的养殖模式已全面禁止。

（四）三峡库区农业面源污染特征

回顾三峡库区及影响区水体污染、土壤污染状况以及面源污染治理重点和治理措施情况，找出未来三峡库区面源污染治理的重点区域和治理内容，可以为三峡库区面源污染治理做好准备。

1. 局部地区农业面源污染需重点治理

从 2017 年长江支流监测断面指标数据情况看（具体监测指标见附录），一是嘉陵江在三峡库区及影响区域内的很多支流流域的面源污染较为严重，如重庆铜梁区的汇龙河、小安溪流域，潼南区的琼江流域以及九龙坡区的梁滩河流域等，主要污染物指标为化学需氧量和总磷，部分区域氨氮和高锰酸盐也存在超标情况。

二是影响区部分长江支流的流域面源污染严重。如长江一级支流沱江左岸的一级支流濑溪河，发源于重庆大足区中敖镇白云村，流经大足区、荣昌区、四川省泸县和龙马潭区，在四川泸州市境内注入沱江。濑溪河干流全长 238 公里，全流域面积 3257 平方公里。其中大足境内河段长 71.4 公里，流域面积 929.9 平方公里；荣昌境内流长 51.5 公里，流域面积 708 平方公里。由于濑溪河流域面源虽经反复治理但污染仍然严重，导致位于濑溪河中、上游珠溪镇的大足玉滩水库水质长期达不到功能区水质要求。水库距下游主要受水区荣昌区城约 28 公里，是下游流域饮用水及 30 余万亩耕地灌溉的主要水源。因此，流域面源污染对这一区域的供水安全和长江水质有重要影响。

2. 土壤酸化趋势问题需特别重视

三峡库区及影响区耕种土壤 pH 在 6.5 以下的占 57.94%。与 1997 年全国第二次土壤普查结果相比，除北碚区外，重庆所有区县土壤酸化趋势严重。其中 15 个区县（含万盛经开区）的酸性和强酸性土壤检测点数增加值超过 30%，如秀山县、江津区、丰都县等 15 个区县。具体分布的乡镇见附表所示。其中，在铜梁区包括安居镇、安溪镇、巴川街道办事处、白羊镇、大庙镇、东城街道办事处、二坪镇、高楼镇、虎峰镇；梁平区包括安胜乡、柏家镇、碧山镇、城北乡、城东乡、大观镇、福禄镇、复平乡；以及江津区、石柱县等区县土壤酸化情况较为严重。

3. 养殖污染治理比例仍然不高

从养殖业分布情况看，三峡库区重庆范围内，万州区、开州区、丰都县等区县属于养殖业大县，影响区范围内铜梁区、梁平区、大足区等区县也是养殖业较发达的地区，且小规模养殖专业户比重较大，畜禽养殖环保配套治理设施比例相对较低，养殖业面源污染问题仍然很大。

4. 农业大区化肥农药使用需大幅下降

虽然从 2017 年数据看，三峡库区农用化肥施用量总体呈下降趋势，但下降的幅度有限。仅三峡库区化肥施用量排名前三的开州区、江津区和涪陵区三个地方其化肥使用量就占了三峡库区总量的 32%；而影响区农用化肥施用量排名前三位的永川区、梁平区和彭水县三地就占三峡库区影响区施用总量的 31%。而农药使用情况同样如此，虽然所有区县均呈现下降趋势，但其中库区范围内涪陵区、万州区和江津区施用量就占三峡库区总量的 41.66%；影响区范围内永川区、梁平区和黔江区施用量占三峡库区影响区施用总量的 43.5%。这些区县的农业比重都相对较大。

（五）三峡库区面源污染治理的重点

1. 化肥农药污染治理

推进三峡库区化肥农药减施增效，实施测土配方施肥，继续实施化肥和农药零增长行动，从 2015 年以来，农业农村部就开展了"到 2020 年化肥农药使用量零增长行动"，取得了一定成效。在化肥使用方面：推进精准施肥，调整化肥施用结构，改进施肥方式，用有机肥替代化肥。创新服务机制，强化农企对接，提高配方肥到田到户率；依托种粮大户、家庭农场、专业合作社等新型经营主体，推广机械施肥、水肥一体等施肥技术；推进新肥料、新技术应用，推广高效新型肥料和高效施肥技术模式；推进有机肥资源利用，提高土壤有机质含量；加强高标准农田建设，提升耕地质量，减少化肥投入。深入实施测土配方施肥，扩大配方肥使用范围，鼓励农业社会化服务组织向农民提供配方施肥服务，支持新型农业经营主体使用配方肥。探索实施有机肥和化肥合理配比计划，鼓励农民增施有机肥，支持发展高效缓（控）释肥等新型肥料，提高有机肥施用比例和肥料利用效率。

在农药使用方面：控制病虫发生危害，高效低毒低残留农药替代高毒高残留农药、大中型高效药械替代小型低效药械，推行精准科学施药、病虫害统防统治。构建病虫监测预警体系，提高监测预警的时效性和准确性；集成推广一批技术模式，建设一批绿色防控示范区，培养一批技术骨干，促进大面积推广应用；促进统防统治与绿色防控融合，提升组织化程度和科技化水平。加强对农药使用的管理，强化源头治理，规范农民使用农药的行为。全面推行高毒农药定点经营，建立高毒农药可追溯体系。开展低毒低残留农药使用试点，加大高效大中型药械补贴力度，推行精准施药和科学用药。鼓励农业社会化服务组织对农民使用农药提供指导和服务。

2. 畜禽养殖污染治理

科学规划畜禽饲养区域，结合水环境保护要求和土地纳污能力，划定畜禽禁养、限养区，适度控制养殖规模，鼓励建设生态养殖场和养殖小区，依法关闭或搬迁禁养区内的畜禽养殖场和养殖专业户。推广畜禽规模化养殖、沼气生产、农家肥积造一体化发展模式，支持规模化养殖场开展畜禽粪污综合利用，对目前未能达标排放的规模化畜禽养殖场要抓紧进行治污改造，配套建设畜禽粪污治理设施；推进农村沼气工程转型升级，开展规模化生物天然气生产试点；采取种养结合、以地定畜措施，以能源化、肥料化、基料化为主攻方向，实施畜禽废弃物资源化利用推进和有机肥替代化肥行动，加快畜禽粪污资源化利用步伐，引导和鼓励农民利用畜禽粪便积造农家肥，提高畜禽废弃物资源化利用水平，探索不同养殖模式下畜禽废弃物资源化利用技术。

转变水产养殖方式，推行标准化生态健康养殖，发展大水面生态增养殖、工厂化循环水养殖、多品种立体混养及稻田综合种养等养殖模式，推进水产养殖装备现代化、生产管理智能化，加强全价人工配合饲料的研发和推广，强化水生动物疫病防控和监测预警。江河湖库以及三峡库区175米水位淹没区内，禁止采用网箱及投放化肥、粪便、动物尸体（肢体、内脏）、动物源性饲料等污染水体的方式从事水产养殖。市农委、市水利局牵头，市环保局参与养护和恢复三峡库区流域天然渔业资源，推动精养渔塘排水达标工作。实施水产养殖池塘标准化改造，加强养殖投入品管理，依法规范、限制使用抗生素等化学药品，开展专项整治，禁止使用农药及其他有毒物毒杀、捕捞水生生物，严查肥水养殖。

政府组织编制并落实畜禽养殖污染防治规划，禁止在三峡库区消落带从事畜禽养殖等污染水体的行为。新建、改建、扩建畜禽养殖场的养殖规模要与周边可供消纳的土地量相匹配，并完善雨污分流、粪便污水资源化利用设施。现有畜禽养殖场要根据环境承载能力和周边土地消纳能力，配套建设完善雨污分流、粪便污水处理或资源化利用设施。对周边消纳土地充足的，要采取"种养结合、生态还田"模式；对周边消纳土地不足的，要通过养殖粪污深度处理，降低还田利用的负荷压力，养殖粪污深度处理后仍然超过土地消纳能力的畜禽养殖场，要实施减产缩能或关停。

3. 农田废弃物污染治理

农膜覆盖种植是现代农业的一种先进种植方式，地膜覆盖栽培技术在三峡库区得到了迅速推广，但由于地膜没有很好地进行回收利用，导致三峡库区土壤白色污染严重。因此要加大标准地膜、可降解地膜推广应用和棚膜回收力度。扩大旱作农业技术应用，支持使用加厚或可降解农膜；开展区域性残膜回收与综合利用,扶持建设一批废旧农膜回收加工网点,鼓励企业回收废旧农膜,加快可降解农膜研发和应用,加快建成农药包装废弃物收集处理系统,在村社田间开展巡回回收、在集镇建立网点定点回收,建立农膜回收长效机制。加快标准地膜推广应用,建立农资包装废弃物贮运机制,回收处置农药、化肥等农资包装物。

三峡库区以农业经济为主,主要粮食和经济作物为水稻、小麦、玉米、高粱等。每年作物秸秆产生量很大,但资源化利用低,大部分都被焚烧或丢弃。因此要支持秸秆收集机械还田、青黄贮饲料化、微生物腐化和固化炭化等新技术示范,加快秸秆收储运体系建设,支持秸秆代木、纤维原料、清洁制浆、生物质能、商品有机肥等新技术产业化发展,加快推进秸秆综合利用;强化重点区域和重点时段秸秆禁烧措施,不断提高禁烧监管水平。加强秸秆露天禁烧宣传和执法检查。突出抓好种植大户秸秆利用管理,大力推广秸秆还田、秸秆养畜等综合利用技术,突出农作物秸秆肥料化、饲料化、基料化为重点的利用方向,开展区域性秸秆综合利用试点示范,集成推广经济适用的秸秆资源化综合利用模式,结合土壤有机质提升、化肥减量化行动等,加强秸秆就地还田利用。

(六)三峡库区农业面源污染治理的难点

1. 农业劳动力不足生产只能依靠粗放经营

随着我国经济发展水平的提高,全国工业化速度由改革开放初期的快速增长转向高质量发展,农业人口转移速度开始下降并进入一个平台期,但三峡库区的工业化仍处在上升期内,农业人口转移速度虽较前阶段有所减缓,但伴随着当地城镇化的加快,农业劳动力无法回流的总趋势仍难以避免。由于农业劳动力的总体缺乏,历史上依靠传统农业精耕细作提高作物产量的方式无法继续。特别是以小家庭为单元的农户基本处于维持农地保耕或以近期经济作物为主的生产模式,而在这种模式下只能依靠粗放的劳动力供应方式才能维系。而建立农村农业有机废弃物的收集、转化、利用网络体系，实现有机废弃物资源化利用需要较多的劳动力。除当期作物产出的需求外，任何其他需求都没有劳动力去满足或难以承受其成本。除实施化肥、农药施用量零增长行动，开展化肥、农药减量利用和替代利用不需额外增加劳动力外，推行循环农业，农业清洁生产，提高秸秆、废弃农膜、畜禽养殖粪便等农业废弃物资源化利用方式的努力，都会因为劳动力的缺乏和成本而难以见效。劳动力的减少趋势又使得农村环境治理市场因人口规模不能很好发育。

2. 山地农业难以建立规模和精细化生产方式

三峡库区地理区位所在的高山、丘陵地貌和农业所依赖的山地、坡地给农业的现代化带来了极大的困难。由于山区农业用地的零星分散、高低分层、微运输的困难，要像在平原或缓坡地形那样开展土地规模化、连片化的机械耕作和种植非常困难，虽然目前可以采用小型化农机、无人机播撒等现代作业方式，但对生产一般农作物几乎是无法开展精细化耕作、精细化施肥和精细化灌溉的，需要进一步探索规模化、专业化、社会化运营机制。目前，山地农业由一般栽种山地作物转向经济价值相对较高的山地果树等，但经济作物对肥料的需求并未降低，反而有更多、更集中的要求，同时预防虫害病害对农药的需求也可能会有所提高。另外，山地雨季的短暂和大量的径流本身就容易引起水土流失，只有采用增加化肥、农药施用的弥补流失方法最为容易，加上平时的土水汇集原本就是巨大的难题，几乎也无法采取工程方法集中含有有机污染物的地表水，实现通过截流治污，减少进入地表和汇入流域集水区域。

3. 养殖产业规模化不足难以降低污染排放

近几十年来，随着我国的社会经济发展，大量人口的食物结构更加依赖农业养殖业规模的增长，而养殖业增长并没有完全摆脱传统的分散、小规模、低效率的畜禽、水产养殖模式，反而给农村增加了大规模治理面源污染的难度和负担。规模化养殖难以扩大，给规模化治理污染增加困难。

一方面是由于规模化畜禽养殖的管理和技术门槛高,粪便治理成本大,疫病防控难、外部监管严,小规模养殖难以达到;同时小规模养殖的市场进入、退出迅速且成本低,应对市场波动的风险相对较低,加上对污染治理的外部监管也较为宽松。另一方面也是由于目前规模化养殖处置利用的畜禽粪便受消纳半径限制或种养结合不匹配等因素影响,无法完全利用,给规模化养殖业的进一步发展造成制约;而小规模畜禽养殖粪便作为农业有机肥有一定的肥效,因分布较散,就地利用比较方便,但实际实施过程中因劳力不足并没有被充分利用。

养殖规模化困难,养殖业污染治理规范程度难以提高,小规模、散乱的养殖形成的分散和大量可利用的养殖有机物,因土地自然消纳不了,而成了污染物,最终造成面源污染。

四、三峡库区农业面源污染治理政策演进与思考

（一）农业面源污染治理的主要政策

1.国家层面农业面源污染治理政策

长期以来对资源的粗放开发利用，我国农业发展面临的资源约束更加显现，农业生态环境问题更加突出。连续多年的中央一号文件（2005—2021年）都对农村生态建设保护与环境治理提出了明确要求，涉及到了农业污染防治的方方面面（见表4-1）。通过梳理2005—2021年中央一号文件的相关内容，可以发现1号文件不仅精准给出了农业农村污染防治实施的具体内容，还特别指出污染防治过程中，要注重制定总体规划、落实责任考核、加强监测职能、实施资金奖补、建立试点示范、完善运营管护机制、引入社会力量、注重法律法规健全和监管体系建设等治理制度体系构建内容。

（1）国家层面农业面源污染治理政策

2005年的中央一号文件指出，要切实防治水污染，禁止使用高残留农药。2006年的中央一号文件则指出了要落实农村企业环境恢复治理责任机制，安排资金落实环境治理。2007年的中央一号文件指出，要在清洁能源的基础上，实施示范县建设，指出了示范的重要性。2008年的中央一号文件则明确指出，在总体上要实施"绿色家园"活动，支持改善农村人居环境，注重饮用水安全，实施乡村清洁工程；此文件已经指出了制定规划、增加资金投入、实施政策优惠和补助、落实治理责任的必要性。2009年的中央一号文件则强调，安排专门资金，实行以奖促治，支持农业农村污染治理。2010年的中央一号文件指出，要推广农民用水户参与管理模式，加大财政对农民用水合作组织的扶持力度。2011年的中央一号文件则将重心落在水管理上，明确要实施水资源管理责任和考核制度以及预警监督管理制度，实施依法治水。2012年的中央一号文件则强调，把农村环境整治作为环保工作重点。2013年的中央一号文件则鼓励社会资本进入新农村的建设工作。2014年的中央一号文件提出，要建立农业可持续发展长效机制，制定农业环境突出问题治理总体规划和农业可持续发展规划，实施生态环境修复补助政策。2015 年的中央一号文件指出，要推行绿色生产方式，增强农业可持续发展能力，大规模实施农业节水工程，集中治理农业环境突出问题，加强重大生态工程建设。2016 年的中央一号文件指出，要落实畜禽规模养殖环境影响评价制度，重视长江经济带的生态保护和修复。2017 年的中央一号文件指出了各项污染防治试点示范的必要性，指出要开展农业废弃物资源化利用试点，探索建立可持续运营管理机制，要鼓励各地加大农作物秸秆综合利用支持力度，健全秸秆多元化利用补贴机制，继续开展地膜清洁生产试点示范。2018 年的中央一号文件指出了农村生态问题综合治理的内容，以及提出要加强农村环境监管能力建设，落实县乡两级农村环境保护主体责任。2019 年的中央一号文件指出，要加快补齐农村人居环境的短板，抓好农村人居环境整治三年行动，很细致地阐释了各级资金在人居环境治理过程中的使用情况，同时文件还强调了总体规划的重要性。2020 年的中央一号文件对农村饮水安全提出了新的要求，对农村水系进行综合整治试点，同时要推进"美丽家园"建设，鼓励有条件的地方，对农村人居环境公共设施维修养护进行补助。2021 年的中央一号文件指出了鼓励农业科技研发运用在农业农村污染防治领域，健全农村人居环境设施管护机制，有条件的地区推广城乡环卫一体化第三方治理。

表 4-1　中央一号文件涉及农业农村污染防治相关内容（2005—2021）[①]

年份	文件名	相关内容
2005	《中共中央　国务院关于进一步加强农村工作提高农业综合生产能力若干政策的意见》（中发〔2005〕1 号）	● 切实防治耕地和水污染。 ● 加强农产品质量安全工作，实施农产品认证认可，禁止生产、销售和使用高毒、高残留农药，加快农产品质量安全立法。

[①] 中央一号文件原指中共中央每年发布的第一份文件。1949 年 10 月 1 日，中华人民共和国中央人民政府开始发布《第一号文件》。现已成为中共中央、国务院重视农村问题的专有名词。中共中央在 1982 年至 1986 年连续五年发布以农业、农村和农民为主题的中央一号文件，对农村改革和农业发展作出具体部署。2004 年至 2021 年又连续十八年发布以"三农"（农业、农村、农民）为主题的中央一号文件，强调了"三农"问题在中国社会主义现代化时期"重中之重"的地位。

年份	文件名	相关内容
2006	《中共中央　国务院关于推进社会主义新农村建设的若干意见》（中发〔2006〕1号）	• 重点推广废弃物综合利用技术、相关产业链接技术和可再生能源开发利用技术； • 制定相应的财税鼓励政策，推广秸秆气化、固化成型、发电、养畜等技术，开发生物质能源和生物基材料； • 加大力度防治农业面源污染。
2007	《中共中央　国务院关于积极发展现代农业扎实推进社会主义新农村建设的若干意见》（中发〔2007〕1号）	• 加快实施乡村清洁工程，推进人畜粪便、农作物秸秆、生活垃圾和污水的综合治理和转化利用。 • 加快实施沃土工程，重点支持有机肥积造和水肥一体化设施建设，鼓励农民发展绿肥、秸秆还田和施用农家肥。
2008	《中共中央　国务院关于切实加强农业基础建设进一步促进农业发展农民增收的若干意见》	• 支持农民秸秆还田、种植绿肥、增施有机肥。 • 加大农业面源污染防治力度，抓紧制定规划，切实增加投入，落实治理责任，加快重点区域治理步伐。
2009	《中共中央　国务院关于2009年促进农业稳定发展农民持续增收的若干意见》	• 安排专门资金，实行以奖促治，支持农业农村污染治理。
2010	《中共中央　国务院关于加大统筹城乡发展力度进一步夯实农业农村发展基础的若干意见》	• 构筑牢固的生态安全屏障，加强农业面源污染治理，发展循环农业和生态农业； • 实行以奖促治政策，稳步推进农村环境综合整治； • 开展农村排水、河道疏浚等试点，搞好垃圾、污水处理，改善农村人居环境。
2011	《中共中央　国务院关于加快水利改革发展的决定》	• 确立水功能区限制纳污红线，把限制排污总量作为水污染防治和污染减排工作的重要依据； • 加快污染严重江河湖泊水环境治理；
2012	《关于加快推进农业科技创新持续增强农产品供给保障能力的若干意见》	• 把农村环境整治作为环保工作的重点，完善以奖促治政策，逐步推行城乡同治； • 推进农业清洁生产，引导农民合理使用化肥农药，加强农村沼气工程和小水电代燃料生态保护工程建设，加快农业面源污染治理和农村污水、垃圾处理，改善农村人居环境。
2013	《中共中央　国务院关于加快发展现代农业，进一步增强农村发展活力的若干意见》	• 强化农业生产过程环境监测，严格农业投入品生产经营使用管理，积极开展农业面源污染和畜禽养殖污染防治。 • 搞好农村垃圾、污水处理和土壤环境治理，实施乡村清洁工程，加快农村河道、水环境综合整治。 • 发展乡村旅游和休闲农业。创建生态文明示范县和示范村镇。

年份	文件名	相关内容
2014	《关于全面深化农村改革加快推进农业现代化的若干意见》	• 促进生态友好型农业发展，落实最严格的耕地保护制度、节约集约用地制度、水资源管理制度、环境保护制度，强化监督考核和激励约束； • 抓紧编制农业环境突出问题治理总体规划和农业可持续发展规划； • 启动重金属污染耕地修复试点； • 大力推进机械化深松整地和秸秆还田等综合利用，加快实施土壤有机质提升补贴项目，支持开展病虫害绿色防控和病死畜禽无害化处理； • 加大农业面源污染防治力度，支持高效肥和低残留农药使用、规模养殖场畜禽粪便资源化利用、新型农业经营主体使用有机肥、推广高标准农膜和残膜回收等试点；
2015	《关于加大改革创新力度加快农业现代化建设的若干意见》	• 实施农业环境突出问题治理总体规划和农业可持续发展规划； • 加强农业面源污染治理，深入开展测土配方施肥，大力推广生物有机肥、低毒低残留农药，开展秸秆、畜禽粪便资源化利用和农田残膜回收区域性示范，按规定享受相关财税政策； • 落实畜禽规模养殖环境影响评价制度，大力推动农业循环经济发展； • 推进长江经济带生态保护与修复。
2016	《关于落实发展新理念加快农业现代化实现全面小康目标的若干意见》	• 加快农业环境突出问题治理，基本形成改善农业环境的政策法规制度和技术路径，实施并完善农业环境突出问题治理总体规划。
2017	《中共中央 国务院关于深入推进农业供给侧结构性改革加快培育农业农村发展新动能的若干意见》	• 以县为单位推进农业废弃物资源化利用试点，探索建立可持续运营管理机制；继续开展地膜清洁生产试点示范； • 加大农业面源污染综合治理试点范围。 • 鼓励各地加大农作物秸秆综合利用支持力度，健全秸秆多元化利用补贴机制。 • 开展土壤污染状况详查，深入实施土壤污染防治行动计划，继续开展重金属污染耕地修复及种植结构调整试点。
2018	《关于实施乡村振兴战略的意见》	• 推进乡村绿色发展，推动乡村自然资本加快增值，实现百姓富、生态美的统一。 • 加强农村突出环境问题综合治理。 • 加强农业面源污染防治，开展农业绿色发展行动，实现投入品减量化、生产清洁化、废弃物资源化、产业模式生态化。 • 推进有机肥替代化肥、畜禽粪污处理、农作物秸秆综合利用、废弃农膜回收、病虫害绿色防控。

年份	文件名	相关内容
		• 加强农村水环境治理和农村饮用水水源保护，实施农村生态清洁小流域建设。 • 推进重金属污染耕地防控和修复，开展土壤污染治理与修复技术应用试点。 • 实施流域环境和近岸海域综合治理。 • 严禁工业和城镇污染向农业农村转移。 • 加强农村环境监管能力建设，落实县乡两级农村环境保护主体责任。
2019	《关于坚持农业农村优先发展做好"三农"工作的若干意见》	• 建立地方为主、中央补助的政府投入机制。 • 推动农业农村绿色发展，加大农业面源污染治理力度，开展农业节肥节药行动，实现化肥农药使用量负增长。 • 发展生态循环农业，推进畜禽粪污、秸秆、农膜等农业废弃物资源化利用，实现畜牧养殖大县粪污资源化利用整县治理全覆盖，下大力气治理白色污染。 • 落实河长制、湖长制，推进农村水环境治理，严格乡村河湖水域岸线等水生态空间管理。 • 强化乡村规划引领，按照先规划后建设的原则，通盘考虑人居环境整治等，实现多规合一。
2020	《关于抓好"三农"领域重点工作确保如期实现全面小康的意见》	• 支持农民群众开展村庄清洁和绿化行动，推进"美丽家园"建设。 • 大力推进畜禽粪污资源化利用，基本完成大规模养殖场粪污治理设施建设。 • 深入开展农药化肥减量行动，加强农膜污染治理，推进秸秆综合利用。 • 启动农村水系综合整治试点。
2021	《中共中央 国务院关于全面推进乡村振兴加快农业农村现代化的意见》	• 推进农业绿色发展，持续推进化肥农药减量增效，推广农作物病虫害绿色防控产品和技术； • 加强畜禽粪污资源化利用。全面实施秸秆综合利用和农膜、农药包装物回收行动，加强可降解农膜研发推广； • 在长江经济带、黄河流域建设一批农业面源污染综合治理示范县。 • 支持国家农业绿色发展先行区建设。

除了中央一号文件以外，中共中央办公厅、国务院办公厅、生态环境部、农业农村部、重庆市政府、重庆市生态环境局也都出台了一些关于农业农村污染治理的政策文件（见表4-2）。

表 4-2　农业农村面源污染防治的政策文件及重点内容

文件名	相关内容
中共中央　国务院《关于全面加强生态环境保护坚决打好污染防治攻坚战的意见》（2018年6月）	• 坚持绿色发展：必须坚持和贯彻绿色发展理念，平衡和处理好发展与保护的关系，推动形成绿色发展方式和生活方式。 • 完善法治基础：坚持用最严格制度最严密法治保护生态环境，必须构建产权清晰、多元参与、激励约束并重、系统完整的生态文明制度体系，让制度成为刚性约束和不可触碰的高压线。 • 强化体制建设：全面加强党对生态环境保护的领导，落实党政主体责任，健全环境保护督察机制；强化考核问责，对生态环境保护立法执法情况、年度工作目标任务完成情况、生态环境质量状况、资金投入使用情况、公众满意程度等相关方面开展考核，严格责任追究。 • 强化问题导向：针对流域、区域、行业特点，聚焦问题、分类施策、精准发力。 • 深化体制机制改革：统筹兼顾、系统谋划，强化协调、整合力量，区域协作、条块结合，严格环境标准，完善经济政策，增强科技支撑和能力保障。 • 推进全民共治：政府、企业、公众各尽其责、共同发力，政府积极发挥主导作用，企业主动承担环境治理主体责任，公众自觉践行绿色生活。
中共中央办公厅、国务院办公厅《农村人居环境整治三年行动方案》（2018年2月）	• 坚持因地制宜、分类指导：根据地理、民俗、经济水平和农民期盼，科学确定本地区整治目标任务，既尽力而为又量力而行，集中力量解决突出问题，不搞一刀切。
《关于加快推进长江经济带农业面源污染治理的指导意见》的通知（发改农经〔2018〕1542号）	• 示范先行、有序推进：学习借鉴浙江等先行地区经验，坚持先易后难、先点后面。 • 强化规划引导：合理安排整治任务和建设时序，采用适合本地实际的工作路径和技术模式。 • 推动全民参与：尊重村民意愿，根据村民需求合理确定整治优先序和标准。建立政府、村集体、村民等各方共谋、共建、共管、共评、共享机制，动员村民投身美丽家园建设，保障村民决策权、参与权、监督权。发挥村规民约作用，强化村民环境卫生意识。 • 强化考核监督：强化地方党委和政府责任，明确省负总责、县抓落实，切实加强统筹协调，加大地方投入力度，强化监督考核激励，建立上下联动、部门协作、高效有力的工作推进机制。 • 健全治理标准和法治保障。 • 鼓励多元投入：创新政府支持方式，采取以奖代补、先建后补、以工代赈等多种方式，充分发挥政府投资撬动作用。加大金融支持力度，通过发放抵押补充贷款等方式，引导国家开发银行、中国农业发展银行等金融机构依法合规提供信贷支持。调动社会力量积极参与，规范推广政府和社会资本合作（PPP）模式，指导相关部门、社会组织、个人通过捐资捐物、结对帮扶等形式，支持农村人居环境设施建设和运行管护。

文件名	相关内容
生态环境部、农业农村部印发的《农业农村污染治理攻坚战行动计划》(环土壤〔2018〕143号)	• 问题导向、系统施治：重点开展农村饮用水水源保护、生活垃圾污水治理、养殖业和种植业污染防治。 • 因地制宜、实事求是：强化地方责任，明确省负总责、市县落实。 • 推动全民参与：加强村民自治，培育各种形式的农业农村环境治理市场主体，推动建立农村有机废弃物收集、转化、利用网络体系，探索建立规模化、专业化、社会化运营管理机制。 • 加大资金投入，多元投入：建立地方为主、中央适当补助的政府投入体系，支持地方政府依法合规发行政府债券筹集资金，用于农业农村污染治理。采取以奖代补、先建后补、以工代赈等多种方式，充分发挥政府投资撬动作用，提高资金使用效率。
生态环境部办公厅《关于进一步加强农业农村生态环境工作的指导意见》(环办土壤〔2019〕24号)	• 完善制度体系：构建农业绿色发展制度体系，建立农业产业准入负面清单制度。构建农业农村污染防治制度体系，推进农业投入品减量化、生产清洁化、废弃物资源化、产业模式生态化。 • 加大财政支持：健全以绿色生态为导向的农业补贴制度，加快培育新型市场主体，采取政府统一购买服务、企业委托承包等多种形式，推动建立农业农村污染第三方治理机制。
生态环境部办公厅《关于加快推进农业农村生态环境重点工作的通知》(环办土壤〔2020〕4号)	• 建立长效机制：有制度、有标准、有队伍、有经费、有督查的农村污水治理长效运维监管机制，鼓励运用市场化运作模式，做好污水管网、处理设施运行维护工作。
生态环境部办公厅《农村环境整治实施方案（试行）》(土壤函〔2020〕7号)	• 推动示范试点：以完成村庄环境整治、摸底调查、试点示范为3个工作目标，打造农业农村环境整治规划、建设、运维、管理4个统一的农业农村生态环境监管信息平台，重点做好调查排查、规划编制、项目入库、建立清单、调查督导、试点示范6项工作，抓住关键环节，对标对表，以机制管项目，以技术强支撑，以监管促成效。
重庆市委市政府《关于坚持农业农村优先发展切实做好"三农"工作的实施意见》(渝委发〔2019〕1号)	• 注重规划优先：统筹推进村规划编制。
重庆市生态环境局、重庆市农业农村委员会印发的《重庆市农业农村污染治理攻坚战行动计划实施方案》(渝环函〔2019〕119号)	• 完善体制机制：扎实推进实施乡村振兴战略，强化污染治理、循环利用和生态保护，深入推进农村人居环境整治和农业投入品减量化、生产清洁化、废弃物资源化、产业模式生态化，深化体制机制改革，发挥好政府和市场两个作用。 • 鼓励群众参与：充分调动农民群众积极性、主动性，突出重点区域，动员各方力量，强化各项措施，补齐农业农村生态环境保护突出短板。 • 加强监督执法：强化农业农村生态环境监管执法，建立农业农村生态环境管理信息平台。

文件名	相关内容
重庆市生态环境局《关于开展农业农村污染防治试点示范工作的通知》（渝环办〔2019〕368号）	• 坚持问题导向：各区县要动员部署，充分调动农民群众参与解决农业农村突出环境问题的积极性。 • 推动试点示范：各区县要坚持问题、目标、责任、示范四个导向，按照因地制宜、突出重点、由易到难、循序渐进的要求，遵循乡村发展规律、尊重农民群众意愿，以区县为单位，科学制定试点示范工作方案，明确各项指标牵头单位、工作目标和具体任务。 • 多方参与机制：各区县要对试点示范乡镇、村工作推进情况进行跟踪报道，引导城乡各类经济实体、社会团体和农民群众广泛参与。
重庆市生态环境局《关于加快推进农业农村生态环境工作的通知》（渝环办〔2020〕88号）	• 大数据建设：加快推进农村生活污水现状调查，及时补充、更新农村生活污水治理数据库信息。 • 注重规划优先：加快推进"十四五"农村生活污水治理规划编制工作。 • 坚持问题导向：以区县为基本单位，按照"信息收集、属性排查、感官判断、问卷调查、监测判断"5个步骤，加快推进农村黑臭水体排查工作。将农村环境整治作为主要抓手，重点推进农村生活污水、农村黑臭水体治理、农业面源污染防治、畜禽粪污资源化利用等任务。 • 注重监管评估：建立农业面源污染防治监测评估机制。 • 建立长效机制：健全完善农村环境保护长效管理机制。

（1）我国农业面源污染政策的形成过程

第一阶段：1972—2011年，农业面源污染治理的起步期

我国的环境管理工作始于1972年，我国政府参加联合国人类环境会议，之后成立了国务院环境保护领导小组。以1973年8月召开第一次全国环境保护会议为标志，我国全面开启了环境保护管理工作。我国环境管理初期的工作重点主要在工业领域，治理对象主要是工业"三废"。由于当时农业还未进入大规模使用化肥时代，农村所有有机物都进入了生产循环，与工业环境问题相比，农业环境问题基本还未显现，这也导致之后很长一段时期，国家环境管理工作在农业领域缺乏系统引导和工作规范。进入20世纪80年代，工业污染排放、城市环境问题以及乡镇工业污染逐渐突显，成为我国环境管理的重点领域，这一时期，农业污染排放占比仍然很低，直至"十二五"之前，农业面源污染还未纳入我国环境保护总体规划，也未形成约束性减排的任务目标。农业面源污染最易造成水体污染，这一时期，我国的水体治理以水资源、水生态保护为主，2011年修订的

《中华人民共和国水土保持法》提出治理目的是"为了预防和治理水土流失，保护和合理利用水土资源，减轻水、旱、风沙灾害，改善生态环境，保障经济社会可持续发展"，还没有提及农村地区和农业生产领域的水污染防治及土壤污染防治等内容。

第二阶段：2012—2014 年，农业面源污染治理的突破期

党的十八大以后，习近平总书记就农业生态环境保护与治理多次做出重要指示批示。习近平总书记指出，农业发展不仅要杜绝生态环境欠新账，而且要逐步还旧账，要打好农业面源污染治理攻坚战。李克强总理提出，要坚决把资源环境恶化势头压下来，让透支的资源环境得到休养生息，农业面源污染治理和其他污染治理的最终目标都是改善环境质量，让人民群众有获得感。为贯彻落实好党中央、国务院部署要求，各部委开始制定农村污染防治政策，对农业生态环境保护与治理工作进行工作部署与行动规划。

2012 年 12 月，环保部、财政部出台《全国农村环境综合整治"十三五"规划》，从环境管制角度制定了农村环境污染治理规划。

2014 年 1 月颁布实施《畜禽规模养殖污染防治条例》，标志着我国正式将农村地区环境保护和污染治理纳入环境管理的总体范畴，也标志着农业污染治理从此进入法治化治理轨道。

2014 年 12 月，农业部召开全国加快转变农业发展方式现场会和全国农业生态环境保护与治理工作会议，从行业管理角度提出农业面源污染防治目标为"一控两减三基本"①，要求全面打好农业面源污染防治攻坚战，会后形成《关于打好农业面源污染防治攻坚战的实施意见》的政策文件。会议的召开和相关文件的颁布对我国现代农业发展进程中关于农业污染治理具有重要意义。

第三阶段：2015—2016 年，农业面源污染治理的攻坚期

---

① "一控"是指控制农业用水总量和农业水环境污染，确保农业灌溉用水总量保持在 3720 亿立方米，农田灌溉用水水质达标。"两减"是指化肥、农药减量使用。"三基本"是指畜禽粪污、农膜、农作物秸秆基本得到资源化、综合循环再利用和无害化处理。

2015 年，中共中央、国务院 1 号文件对"加强农业生态治理"作出专门部署，强调要加强农业面源污染治理。随后党中央国务院出台《关于加快推进生态文明建设的意见》和《关于生态文明体制改革总体方案》为我国生态文明建设做出顶层设计。具体到农业环境治理领域，从 2015 年 2 月农业部出台《到 2020 年化肥使用量零增长行动方案》《到 2020 年农药使用量零增长行动方案》到 2015 年 4 月农业部印发《关于打好农业面源污染防治攻坚战的实施意见》，把农业面源污染治理列入行业管理政策。2015 年 5 月农业部、国家发展改革委等八部委出台《全国农业可持续发展规划（2015—2030 年）》和国家发展改革委印发《农业环境突出问题治理总体规划（2014—2018）》两个全国性规划，都把农业面源污染治理列入国家规划。

2015 年 4 月到 5 月，中央连续出台水污染防治行动计划、土壤污染防治行动计划，也称"水十条"和"土十条"，要求：到 2020 年，长江、黄河、珠江、松花江、淮河、海河、辽河等七大重点流域水质优良（达到或优于Ⅲ类）比例总体达到 70% 以上的指标；实施农用地分类管理、保障农业生产环境安全，实施建设用地准入管理、防范人居环境风险。要实现达标和管理要求，面源污染比例较高的区域除必须就面源污染治理制定更为完善的综合治理政策外，还必须从推进土壤污染防治立法、建立健全法规标准体系方面，针对农村水、土壤污染防治，提出加强污染源监管、土壤污染预防等政策和措施。

2016 年 5 月国务院出台《土壤污染防治行动计划》后；农业部 2016 年 8 月会同国家发改委、财政部等六部委印发《关于推进农业废弃物资源化利用试点的方案》；环保部、农业部、住建部三部委 9 月联合出台《关于培育发展农业面源污染治理、农村污水垃圾处理市场主体的方案》，逐渐把面源污染治理落实到各个具体的工作方面，形成了一系列政策措施。

2016 年 12 月，在国务院印发《"十三五"生态环境保护规划》中，将农村环境治理工作进行全面梳理，提出三个方面的任务和一个约束性指标。一是加快农业农村环境综合治理，继续推进农村环境综合整治、大力推进畜禽养殖污染防治、打好农业面源污染治理攻坚战和强化秸秆综合利用与禁烧的具体内容。二是实施农村生活垃圾治理专项行动，推进 13 万个行政村环境综合整治，实施农业废弃物资源化利用示范工程，建设污水垃圾收集处理利用设施，梯次推进农村生活污水治理，实现 90% 的行政村生活垃圾得到治理。三是实施畜禽养殖废弃物污染治理与资源化利用，开展畜禽规模养殖场（小区）污染综合治理，实现 75% 以上的畜禽养殖场（小区）配套建设固体废物和污水贮存处理设施等专项行动。四是将受污染耕地安全利用率等纳入经济社会发展规划的约束性指标。

中央一直重视农业化肥、农药使用问题，因为这是破坏土壤生产力、影响食品安全的重要因素。中共中央每年的"1 号文件"都是关于农业发展问题的，从 2005 年到 2018 年的 1 号文件先后提出了测土施肥、生态农业、增施有机肥、生物农药补贴、秸秆综合利用等多项源头治理的具体措施。化肥、农药零增长，是国家对全国面源污染防治提出的要求，也是国家污染防治政策的重要内容。

目前，就农药使用而言，2015 年的统计数据曾显示，我国农药用量比上年减少 2.4×10^4 吨，但农药减量化政策实施的效果在减量化初期仍具有较大的不确定性，主要原因是底数不清。目前制度层面的统计数据，只能较为准确反映农药制剂量，但在农药工业和农业生产部门，普遍使用的是基于活性成分的折纯（折百）量。其中的差异目前很难获得实际的、连续的准确数据。不过，随着对农药供给端宏观调控措施的逐渐显现，供给总量的下降会带来需求端的实际下降。

第四阶段：2017 年至今，农业面源污染治理政策协同期

将农业面源污染治理纳入农业绿色发展政策中。2017 年 7 月，习近平总书记主持召开中央深改组第 37 次会议，审议通过了《关于创新体制机制推进农业绿色发展的意见》，这是中央审定通过的第一个关于指导农业绿色发展的文件。随后党的十九大正式提出乡村振兴战略，确定了"产业兴旺、生态宜居、乡风文明、治理有效、生活富裕"的乡村振兴战略 20 字总方针。把生态宜居作为建设美丽中国关键内容的美丽乡村的具体目

标，这个目标的内容既有推动农业绿色发展和持续改善农村人居环境的要求，也把乡村生态保护和修复正式结合起来。

生态宜居包含三方面的内容：一是推进形成农业绿色发展方式，即以生态环境友好和资源永续利用为导向，实现农业生产化肥农药投入减量化、生产清洁化、废弃物资源化、产业模式生态化，提高农业可持续发展能力；二是持续改善农村人居环境，即以建设美丽宜居村庄为导向，以农村垃圾、污水治理和村容村貌提升为主攻方向，开展农村人居环境整治行动，全面提升农村人居环境质量；三是加强乡村生态保护与修复，即大力实施乡村生态保护与修复重大工程，完善重要生态系统保护制度，促进乡村生产生活环境稳步改善，自然生态系统功能和稳定性全面提升，生态产品供给能力进一步增强。

将面源污染治理纳入乡村振兴战略实施。2018 年 9 月中央出台《乡村振兴战略规划（2018—2022 年）》提出乡村是承担生态涵养功能的主体区，良好生态是乡村发展的最大优势。目前农村环境和生态问题比较突出，加快推行乡村绿色发展方式，加强农村人居环境整治，加快农业面源污染治理，对于构建人与自然和谐共生的乡村发展新格局，实现百姓富、生态美的协调统一具有重大意义。《规划》特别提出，要集中治理农业环境突出问题，包括深入实施土壤污染防治行动计划、加强农业面源污染综合防治、严格工业和城镇污染物进入农村等有关农村生产生活污染防治等内容。加快农业面源污染治理，对加强耕地保护和建设、保障农产品质量安全、发展新型农业经营主体、加快农业转型升级，以及提升农业科技创新水平、建设生态宜居的美丽乡村具有重大作用。

将面源污染治理纳入长江流域环境保护规划中。党中央、国务院高度重视长江经济带生态环境保护。习近平总书记多次强调，推动长江经济带发展，把生态环境保护摆上优先地位。2017 年国家《长江经济带生态环境保护规划》在严格控制农业面源污染方面提出以下内容：一是加快发展循环农业、推动有机废弃物资源化利用。具体内容包括"积极开展农业面源污染综合治理示范区和有机食品认证示范区建设，加快发展循环农业，推行农业清洁生产,提高秸秆、废弃农膜、畜禽养殖粪便等农业废弃物资源化利用水平。推动建立农村有机废弃物收集、转化、利用三级网络体系,探索规模化、专业化、社会化运营机制。以有机废弃物资源化利用带动农村污水垃圾综合治理,培育发展农村环境治理市场主体"。二是以化肥、农药施用量零增长为目标,加强农作物病虫害绿色防控和专业化统防统治。具体包括实施化肥、农药施用量零增长行动,开展化肥、农药减量利用和替代利用,加大测土配方施肥推广力度,引导科学合理施肥施药。三是加大农业畜禽、水产养殖污染物排放控制力度,强化长江流域范围内河流和湖泊及周边畜禽管理。依法关闭或搬迁禁养区内的畜禽养殖场(小区)和养殖专业户,在重点敏感区域加强养殖方式的管控。

2. 三峡库区农业面源污染治理政策

(1)国家层面治理政策

三峡工程建设以后,国务院三峡工程建设委员会成立了三峡工程生态与环境保护协调小组,环境保护部会同发展改革委,编制和组织实施了《三峡库区及其上游水污染防治规划》(2001—2010年)及其修订本,建立了三峡工程生态与环境监测系统,组织有关单位开展持续15年的监测工作。2011年又编制实施《三峡后续工作总体规划》,对库区农业面源污染防治方面提出了要求:在生态屏障区推广肥料农药污染控源、畜禽养殖污染和农村生活污染防治等,减少农村面源污染;通过实施生态屏障区植被恢复和重要支流水土保持,形成保护水库水质的生态屏障功能;同时,在库区典型流域开展农业面源污染防治示范和推广。具体规划主要包括肥料污染控源、农药污染控源、畜禽养殖污染和农村生活污染防治、生态屏障区植被恢复。在库周土地征用线以上水平投影100米宽的区域规划建设生态保护带、重要支流水土保持等方面。

党的十八大以后,习近平总书记从生态文明建设的整体视野提出"山水林田湖草是生命共同体"的论断,强调"统筹山水林田湖草系统治理""全方位、全地域、全过程开展生态文明建设"的思想后,国家有关部门在推进面源污染治理工作过程中，也开始按照坚持符合生态的系统性，坚持系统思维、协同推进的原则进行部署。2018 年，国家安排财政资金启动国家山水林田湖草生态保护修复工程试点，将面源污染治理等系统工程与改变传统治理模式，建立全流程管理制度，多方施策推进结合起来。

（2）地方层面治理政策

重庆市不仅对全市农业面源污染陆续出台相关政策，2007 年印发《重庆市畜禽养殖区域划分管理规定和重庆市畜禽养殖区域划分及养殖污染控制实施方案》，2013 年印发《关于进一步加强畜禽养殖污染防治工作的通知》；2011 年也专门印发《长江三峡库区重庆流域水环境污染和生态破坏事件应急预案的通知》，后几年还针对库区面源污染出台政策。2017 年相关部门针对三峡库区流域水生生物多样性保护、畜禽养殖污染专项整治整改、露天焚烧秸秆管理、天然水域禁渔等方面出台了政策。湖北三峡库区的四区县虽分属两个不同的地市，但都会按照国家有关政策和要求贯彻有关面源防治的规划要求，目前没有专门从省、地区层级制定针对三峡库区的专门政策。

2018 年结合贯彻落实国家乡村振兴规划，在《重庆市乡村振兴战略规划（2018—2022 年）》中，强调加强农业生态环境保护工作、畜牧业发展和畜禽粪污资源化利用，提出到 2020 年，市农委、市环保局牵头畜禽养殖污染治理及资源化利用工程。全面完成 120 万头生猪当量畜禽养殖污染治理配套设施工程整改。市农综办牵头农业生态综合治理工程，实施生态综合治理项目，覆盖面积 75 万亩。

《重庆市五大环保行动实施方案（2018—2022 年）》中提出一些针对三峡库区的专门要求：严格依据地方法规，禁止在三峡库区消落带从事畜禽养殖等污染水体的行为；提出新建、改建、扩建畜禽养殖场（小区）的养殖规模要与周边可供消纳的土地量相匹配，并完善雨污分流、粪便污水资源化利用设施等养殖准入政策；禁止在江河湖库以及三峡库区 175 米水位淹没区内采用网箱及投放化肥、粪便、动物源性饲料等污染水体的方式从事水产养殖。

《推进长江上游生态屏障（重庆段）山水林田湖草生态保护修复工程的实施意见》（渝府办〔2019〕2号）确定对梁滩河、花溪河和御临河等嘉陵江及长江一级支流实施水污染防治和水生态修复工程。

《重庆市畜禽养殖废弃物资源化利用工作方案》（渝府办发〔2017〕175号）提出，到2020年全市畜禽粪污综合利用率达到75%以上，畜禽规模养殖场粪污处理设施装备配套率达到95%以上，大型畜禽规模养殖场粪污处理设施装备配套率提前1年达到100%的目标。

《重庆市第二次污染源普查实施方案》（渝府办发〔2017〕189号）要求，污染源普查中对农业污染源的调查包括种植业、畜禽养殖业和水产养殖业，具体普查内容为生产活动情况，秸秆产生、处置和资源化利用情况，化肥、农药和地膜使用情况，纳入登记调查的畜禽养殖企业和养殖户的基本情况、污染治理情况和粪污资源化利用情况等。

《重庆市废弃农膜回收利用管理办法（试行）》（渝府办发〔2019〕57号）是在全国最先出台的省级政府政策提出建设废弃农膜回收利用体系和必要的资金支持，提高重庆市废弃农膜的回收利用率，减轻农业面源污染。

（二）三峡库区农业面源污染治理政策实施情况

1.三峡库区农业面源污染治理政策实施情况

（1）畜禽养殖污染治理标准明确、布局规范、设施完善

1）明确养殖规模标准，确定地方目标和责任。重庆根据《畜禽规模养殖污染防治条例》，明确区、县政府和部门的管理责任，强化了区划、规划、环评审批等管理要求，统一全市畜禽养殖规模界定标准，实现与《畜禽规模养殖污染防治条例》在规模上的有机衔接。印发《重庆市典型流域农业面源污染综合治理实施规划（2016—2025年）》，将28个区县的47条流域纳入重点治理范围。组织召开畜禽养殖废弃物资源化利用工作

会、专题培训会。市政府与区县政府签订《畜禽粪污资源化利用目标责任书》(2018—2020年),明确粪污资源化利用主要目标,细化了十一项责任落实。

2)优化养殖业规划布局。农业、环保部门组织区县编制并实施畜牧业发展和畜禽养殖污染防治规划,并做好与两个规划的衔接。畜牧业发展规划统筹考虑环境承载能力以及畜禽养殖污染防治要求,合理布局,科学确定畜禽养殖的品种、规模、总量;畜禽养殖污染防治规划统筹考虑畜禽养殖生产布局,明确畜禽养殖污染防治目的养殖场关闭和搬迁工作。2017年完成关闭(搬迁)禁养标、任务、重点区域,明确污染治理重点设施建设,以及废弃物综合利用等污染防治措施。严格禁养区、限养区、适养区划分,开展畜禽养殖"四清四治"专项行动,完成了主城区二环以内区畜禽养殖场(户)1093家关闭或搬迁工作。

3)完善养殖场治理设施。开展了规模畜禽养殖场标准化创建,完善粪污处理、无害化处理设施,控制污水排放浓度,减少养殖污染的产生。实施了353个畜禽养殖减排项目、建设了3334处畜禽养殖大中小型沼气工程,实现全市出栏3000头以上畜禽养殖场沼气工程的全覆盖。2017年全市规模养殖场总数为5440个,规模养殖粪污处理设施装备配套率为77.08%。2018年完成43万头生猪当量污染治理任务,规模化养殖场治污设施配套率达到81%。通过有机肥利用、直接还田、达标排放等方式对畜禽粪污实行资源化利用,2017年全市粪污总量6779.94万吨,其中畜禽粪污利用量4916.67万吨,占粪污总量的72.52%。

4)开展畜禽养殖专项整治。2015年环保部门开展畜禽养殖"四清四治",摸清了全市常年存栏生猪当量100头以上的畜禽养殖场和养殖专业户的规模、品种、区划、环评等情况,并制订实施3年禁养区和污染治理设施整治计划,到2016年底,全市完成1363家禁养区畜禽养殖场(户)的关闭或搬迁工作,304万头存栏生猪当量污染治理设施工程整改。2015年以来,农业部门累计投入中央专项资金1.44亿元,实施1个生物天然气沼气工程和88个大型沼气工程。截至2017年,累计实施4432个大中小型沼气工程，环保部门累计投 1.74 亿元，实施了 353 个畜禽养殖总量减排项目。实施丰都恒都、荣昌日泉、巴南光大等畜禽养殖废弃物资源化利用项目。

5）加强信息管理和考核。环保部门会同农业部门搭建畜禽养殖环保基础信息管理平台，将全市存栏生猪当量 20 头（含）以上畜禽养殖场（户）纳入监管范畴，逐步摸清了全市畜禽养殖底数，实现畜禽养殖业环境信息直联直报、资源共享和动态管理。2015 年，对潼南区、丰都县开展畜禽养殖污染防治专项督查。2017 年，环保部门会同市农业部门，对全市 33 个区县开展畜禽养殖污染防治专项督查，督促区县落实规划，健全管理制度，完善协调机制。将畜禽养殖禁养区整治、环保工程建设整治等内容纳入市委、市政府对区县社会经济综合考核范畴，并将畜禽养殖污染防治工作作为中央环保督察、市委、市政府生态文明督察的重要内容，通过年度目标任务考核和专项督查等形式，推进实施。

（2）水产养殖治理强化监管、推动绿色养殖

1）严格禁止网箱投饵养鱼。全面完成饮用水水源水库内网箱及投饵施肥养鱼取缔工作，对区县天然水域网箱养鱼及投饵施肥、池塘生态健康养殖技术推广情况进行了重点督查督办。加大了珍稀特有、经济鱼类产卵繁育场和适宜栖息地生态环境的保护。

2）强化水产养殖监管。2017 年开展"一改五化"生态集成技术 25 万亩；推广稻渔综合种养 14.6 万亩，推进三峡库区水域牧场达到 4.2 万亩，放流水生生物 5248.5 万尾。2018 年，启动开展养殖水域滩涂规划编制和水产养殖"三区"划分，开展了江河湖库 175 米水位严禁网箱养鱼等专项督查。

3）推动渔业生态发展。实施增殖放流、禁渔制度等护渔措施，2018 年重点实施底排污生态化改造，全市共实施池塘"一改五化"、鱼菜共生、稻渔综合种养 26.8 万亩、9.7 万亩、27.5 万亩，比上年分别增长 7.2%、6.6% 和 88.4%，创建部级水产健康养殖示范场 190 家、养殖水面 20 万亩，池塘水质持续改善，效果明显。

（3）推进化肥农药减量化、提升耕地质量

1）制定减量化规章。2018年制定印发《化肥减量使用行动工作要点》《农药使用量零增长行动工作要点》《做好耕地保护与质量提升和促进化肥减量增效工作》等，召开了全市有机肥替代化肥暨耕地质量提升和化肥减量增效项目会诊会、化肥减量使用行动暨花椒化肥减量增效现场会等，全面加强区县化肥农药减量施用督促指导。

2）开展减量化试点。2018年在全市范围内围绕粮、油、菜、茶、果等农作物，全面探索推进有机肥替代化肥行动。一是续建试点县。支持2017年启动的永川、万州、开州、忠县、奉节、巫山6个试点县，继续开展有机肥替代化肥试点。扩大试点规模，提升试点层次，有条件的鼓励开展整建制推进试点。二是新增试点县。经过公开遴选并报农业农村部、财政部审核备案，重庆市新增云阳、秀山2个试点县开展有机肥替代化肥试点。三是其他区县。开展6个部级耕地质量提升与化肥减量增效项目县和8个部级绿色高质高效创建项目县，开展有机肥替代化肥示范面积500亩；其他农业区县示范面积超过100亩。

3）推广测土配方施肥。"十二五"期间，启动了整县、整乡、整村整建制推进测土配方施肥工作，从大面积粮食作物转向蔬菜、柑橘、花椒、油菜等特色经济作物示范推广。2017年全市测土配方施肥技术推广面积4600万亩，全市主要农作物绿色防控覆盖率达到27.76%。2017年全市化肥施用量95.5万吨，比上年（96.2万吨）减少了0.7%，利用率达到36.5%，同比提高了2个百分点。农药施用量1.74万吨，比上年（1.76万吨）减少了0.8%，利用率提高到38.4%，同比提高1.2个百分点。

4）耕地保护与质量提升补贴。耕地保护与质量提升补贴面积254.26万亩，农作物秸秆腐熟还田总量（鲜重）221.95万吨。种植绿肥面积38.51万亩，绿肥压青还田总量45万吨。土壤改良培肥综合技术8.46万亩，施用各类土壤调理剂1222.25吨。

（4）推动秸秆农膜综合利用、注重资源化利用

1）秸秆利用回收。2017年全市秸秆综合利用率82.4%，全市实施秸

秆还田 2468 万亩，实现资源化利用 776 万吨。2018 年启动秸秆综合利用试点，同时加强秸秆禁烧执法检查与宣传，进一步强化和落实属地管理责任。如万州区在秸秆综合利用上通过建立秸秆粉碎加工厂，开展秸秆收购，将秸秆粉碎后用于有机肥加工辅料，目前农作物秸秆综合利用率达到 83.5%，有效缓解了秸秆污染问题。

2）农膜综合利用。在全国率先出台《重庆市废弃农膜回收利用管理办法（试行）》和《加强农膜科学使用指导意见》，构建农膜回收处置体系，指导区县加强农药包装废弃物回收处置。2017 年安排市级财政专项资金 200 万元，配合市供销社加强农膜回收利用体系建设，在九龙坡、酉阳、长寿、綦江、渝北、巫溪、南川等 8 个区县开展农膜回收利用试点。2017 年全市农膜使用量 45265 吨，同比增长了 0.23%，农膜回收率约 70%。预计到 2020 年，重庆市农膜回收将实现全市乡镇全覆盖，回收率达 80%，形成乡镇村回收转运、区县集中分解储运、区域加工利用的模式，构建销售回收利用一体的废弃农膜回收利用体系。2020 年建成废弃农膜县级贮运中心 39 个、乡镇（街道）回收网点 1140 个、村级回收网点 1151 个，基本覆盖全市所有涉农乡镇。2017—2020 年，累计回收废弃农膜 22314 吨，完成目标任务的 117%，回收肥料等包装物 1306 吨，完成目标任务的 130.6%。

（5）加强农村人居环境综合整治、有效遏制脏乱差

重庆市农村人居环境整治三年行动实施方案（2018—2020 年）。分主城片区、渝西片区和渝东北渝东南片区，明确了各自片区的行动目标、重点任务，将农村生活垃圾、污水、厕所、村容村貌、农业废弃物资源化利用等纳入重点治理内容。

1）加快卫生基础设施建设。一是推进农村"厕所革命"。2018 年以来，改造农村户厕 44.16 万户，累计改厕 453.76 万户；新建农村公厕 1297 座，累计达到 6946 座。二是生活垃圾收运设施建设。2018 年以来，新建乡镇垃圾中转站 18 座，累计达到 646 座；全市农村共配置生活垃圾运输车辆 3000 余台、垃圾箱 4.7 万余个、垃圾桶 55.1 万余个，配备农村保洁员

4.2万余名，"户集、村收、镇（乡）运、区域处理"的农村垃圾收运处理体系基本形成。整治非正规生活垃圾堆放点132处，核实销号71处。10个区县申报农村生活垃圾分类示范区县。2019年1月，全市农村垃圾治理工作通过国家验收。三是农村污水处理设施建设。完成乡镇污水处理设施配套管网建设2360公里、农村生活污水集中式处理设施技术改造100座，累计建成乡镇和农村污水处理设施2417座，日处理能力118万吨。与此同时，因地制宜推进农村沼气、三格式化粪池等户用污水处理设施建设，展开农村分散生活污水治理。

2）村庄清洁行动。按照中央统一部署，开展"三清一改"村庄清洁行动，有效改善农村环境卫生。从2018年12月开始，在全市全面启动以清理生活垃圾、清理沟渠塘堰、清理畜禽养殖粪污等农业生产废弃物、改变影响农村人居环境的不良习惯为主要内容的"三清一改"村庄清洁百日行动，2019年3月1日开始实施村庄清洁行动春季战役。全市8006个行政村共组织442万余农户、626万余人次参加大扫除，清理垃圾12万余吨、沟渠6万余公里、农业生产废弃物48万余吨，农村环境脏乱差问题得到有效遏制。

2. 开展农业面源污染监测和数据化管理状况

（1）全面监测农业面源污染状况

开展定点监测。重庆市已建立了22个农业面源污染国控监测点，其中地表径流监测点10个、淋溶监测点1个、地膜监测点10个、生猪监测点1个。启动了农产品产地土壤重金属普查、农业面源污染普查及重点流域农村生活源典型数据调查。2015年全市采样792个，其中地表径流水样504个、降水样18个、土壤鲜样27个、土壤干样27个、作物及废弃物样144个、畜禽粪污样72个，获得监测数据3000余个，为重庆市计算排放通量及流失系数提供了数据支撑。

（2）推动农业生产投入信息化

重庆市农委会同市发展改革委、市财政局、市经济信息委、市科委等部门，出台农业信息化补贴政策，推广应用全市测土配方施肥信息管理系统、农作物有害生物监测预警系统、农作物智能化种苗生产管理系统、智能化畜禽养殖管理系统、"渔安通"渔业监管系统和柑橘物联网生产系统等。逐步建立"纵向到底"的农业综合信息管理系统，为构建"横向到边，纵向到底"的农村面源污染治理综合信息管理系统奠定基础。

（3）构建污染防治三级环境监管网络

加强基层能力，在全国率先实现所有乡镇环保机构的全覆盖。全市38个区县1017个乡镇（街道）全部成立了环保机构，配备环保人员3988人，初步形成了"市—区县—乡镇"三级环境监管网络，确保有专人负责农村和农业环境的监管、农村环境基础设施的运营管理等工作。

3. 试点污染治理与生态保护修复相结合

（1）多方联合施策试点

2018年启动国家山水林田湖草生态保护修复工程试点后，重庆市有关部门改变"头痛医头"的传统治理模式，在一些流域建立综合试点，将不同部门安排资金、不同领域立项的项目、不同部门推进工作的面源污染治理、水土保持、污染治理等诸多项目结合起来，建立以基层政府牵头的全流程管理制度，多方施策推进各项治理工程联合推进。把获得国家批准的7大类、58大项，共200多个生态保护修复工程项目，在"一岛两江三谷四山"（即广阳岛，长江、嘉陵江，西部槽谷、中部宽谷，东部槽谷，缙云山、中梁山、铜锣山、明月山）的区域中与面源污染治理、水土保持、国土绿化、污染处置结合起来进行试点，改变'头痛医头'，治山的只治山，治水的只治水的分项目做法，按"山青、水秀、林美、田良、湖净、草绿"目标进行统一设计、统一施工、统一资金等综合调度。

（2）以保护水系为根本

重庆生态修复工程试点主要以"山为骨、水为脉、林田湖草为肌体"的思路进行系统修复、综合治理，改变了过去"头痛医头"的治理模式。其治理就统筹开展"山上""山腰""山下"系统修复。其中，"山上"重点开展环山公路沿线国土绿化、生物多样性保护工作;"山腰"重点开展废弃矿山及其影响区、矿坑水体生态修复;"山下"重点开展包括田水路林村等国土综合整治工作,同时统筹开展农村面源污染防治、地下水调查、河流水系治理等 10 个子类型工作。"细致治山,根本上是为了更好地治水。"如两江新区治理流经龙盛片区的御临河,就是铜锣山下的水系之一。在保护修复铜锣山的基础上,两江新区对御临河进行河道及岸线整治,遵循河流的自然地貌特征,增设河滩和岸边湿地等,营造多样性水域栖息地环境,并运用生态植物护岸技术进行岸坡侵蚀防护,使面源得到充分治理,最后改善了河流的营养物质循环和水质。

（3）理顺统筹协调机制

生态修复结合面源污染治理,仅一座山的治理就涉及 10 个子类型工作。为此,重庆建立了一套行之有效的工作制度。建立全流程试点管理制度体系。首先成立试点工作联席会议,负责协调解决试点工作中的重大问题。目前,基本建立起市委、市政府领导,市级部门协调配合,区级政府组织实施的试点工作推进机制。其次建章立制规范管理。市政府印发关于推进长江上游生态屏障（重庆段）山水林田湖草生态保护修复工程的实施意见（渝府办〔2019〕2 号）,明确试点目标、任务,确定各级责任和保障措施。目前,基本形成覆盖试点工作组织决策、项目监管、资金使用、巡查督促、考核评估的全流程试点管理制度体系。再次严格考核压实责任。以国家下达重庆的 12 项绩效指标为基础,制订区级绩效考核指标。市政府将工程试点工作纳入区县经济社会发展考核指标体系实行考核,并进行逐区巡查。

（4）依靠技术和数字化做支撑。采用三维实景、遥感影像等基础数据基础,汇总数据,打造长江上游生态屏障（重庆段）山水林田湖草生态保护修复工程试点信息管理平台。建立专家库,聘请技术支撑单位,加强工程技术体系和标准研究。组织课题组,开展重庆市山水林田湖草生态保护修复技术标准框架、重点工程系统性整体性评价指标体系和方法等研究。加上人工巡查和专家分析结合,可对工程试点区域的 200 多个生态保护修复工程项目进行深入的科学剖析，为全流程管理提供了可靠的技术支撑。还可集合数据影像资源，实现可视化监管；构建市、区、项目三级监管体系，实现自动分析预警，力求形成一套可推广、可复制的工作方案。

（三）三峡库区农业面源污染治理政策实施效果

1. 长江流域水质得到充分改善

据2021年1月6日重庆日报报道重庆市生态环境局发布的情况和数据，截至2020年底，长江干流重庆段水质为优，三峡库区长江支流重庆区域内42个国考断面水质优良比例首次达到100%，优于国家考核目标4.8个百分点，较2015年上升14.3个百分点。此外，重庆长江支流105个省级考断面水质达标比例、消除长江支流劣Ⅴ类水质断面比例、城市集中式饮用水水源地水质达标比例、消除城市建成区黑臭水体比例均达到100%。

尽管水质考核数据不能完全反映出长江支流流域面源污染治理的效果程度和全部情况，特别是很多水质改善问题常常出现反复，但的确从一定程度上可以客观反映实施有关水系污染治理、重点面源污染治理和化肥减量等措施，至少可以在短期内得到一个总体改善的综合效果。

2. 畜禽粪污利用率显著提高

据农业农村部通报2018年度全国畜禽粪污资源化利用专项评估的结果，重庆市畜禽粪污综合利用率、规模养殖场粪污处理设施装备配套率、大型规模养殖场粪污处理设施配套率均达到国家考核目标，为2018年度全国8个优秀等次的省市之一，进入全国前5位。

据重庆市生态环境局发布信息，2020年重庆农业面源污染防治方面，畜禽粪污综合利用率、规模养殖场、大型规模养殖场粪污处理设施装备配套率分别提高至84%、98%、100%。综合设施配套率数据和流域考核水质数据可以印证出，只要解决规模养殖场的问题，面源对长江支流中的影响可以大为降低。

3. 化肥农药施用总量逐渐下降

据人民日报 2021 年 1 月 18 日报道，农业农村部发布了 2015 年以来我国持续开展的化肥农药使用量零增长行动实现预期目标的信息，农作物化肥农药施用量连续 4 年负增长；并公布经科学测算的 2020 年我国水稻、小麦、玉米三大粮食作物化肥利用率为 40.2%，农药利用率为 40.6% 的数据，比 2015 年分别提高了 5 个和 4 个百分点。

显然，重庆实现了目标。据重庆法治网 2021 年 3 月 19 日报道，重庆市化肥使用总量已实现连续 5 年递减、农药使用总量已连续 10 年递减，畜禽粪污综合利用率达到 90% 以上，秸秆综合利用率稳定在 87% 以上，农膜回收率达到 87.7%。其中，2017 年以来，全市化肥使用总量从 95.5 万吨下降到 89.8 万吨，农药使用总量从 1.8 万吨下降到 1.62 万吨。由于重庆没有与全国一样公布经科学测算的利用率数据，考虑重庆以山区为主的农业基本条件，理论上粮食作物化肥利用率应该低于全国平均数。

4. 农田废弃物污染成效治理

农业农村部通报了 2018 年度畜禽粪污资源化利用专项评估结果，经综合评价，重庆市 2018 年度畜禽粪污综合利用率、规模养殖场粪污处理设施装备配套率、大型规模养殖场粪污处理设施配套率均达到国家考核目标，为全国 8 个优秀等次的省市之一，进入前 5 位。

（四）农业面源污染治理政策的局限性

1. 全国层面的治理政策

针对全国面源污染治理，2021 年生态环境部、农业农村部提出全国面源污染防治有关政策时提出了统筹推进、突出重点，试点先行、夯实基础，分区治理、精细监管，政策激励、多元共治的基本原则，而且印发了治理与监督指导的实施方案，明确了目标、任务和措施：一是分区分类实施"源头减量－循环利用－过程拦截－末端治理"措施，开展化肥农药减量增效、秸秆"五料化"利用、农膜回收等行动，促进畜禽粪污还田利用，推动种养循环，因地制宜建立农业面源污染防治技术库；二是完善农业面源污染防治政策机制，健全法律法规制度，完善标准体系，优化经济政策，建立多元共治模式；三是加强农业面源污染治理监督管理，开展农业污染源调查监测，评估环境影响，加强长期观测，建设监管平台，逐步提升监管能力。措施、任务和目标范围很全面，工作任务很具体，又有完善相应法规制度、标准体系、优化经济等基础政策的工作建议，还有执行监管方面的要求，对全国面源污染治理有很好的监督指导意义。

2. 针对三峡库区的治理政策

针对三峡库区面源污染防治，国家层面也制定了专门的政策。国家发展改革委、生态环境部、农业农村部、住房城乡建设部、水利部在2018年10月曾联合印发了加快推进长江经济带农业面源污染治理的指导意见，提出将长江干流和重要支流沿线、丹江口库区、南水北调水源及沿线、三峡库区及其上游等重大工程区域作为重点治理区域。要求农作物测土配方施肥覆盖率达到93%以上，大面积使用高效低毒低残留农药；到2020年化肥农药使用量比2015年减少3%~5%，鄱阳湖和洞庭湖周边地区化肥农药使用量比2015年减少10%以上的控制目标。

3. 三峡库区面源污染治理政策的局限性

对于三峡库区面源污染治理，无论从全国统一部署，还是针对性的安排，国家层面都有较为详细的政策，地方也有具体的贯彻行动和措施。从某种意义上说，需要研究的补充或完善性政策似乎并不多。但是真正要在三峡库区实施这些政策恐怕是难以完全达到预定目标。原因在于，一是政策提出的其中包括"优化经济政策，建立多元共治模式"的具体措施更多应该是间接性的，远没有落实，需要进一步研究、筹划和落实。二是政策实施后有效果的原因可能主要是针对广泛的"微点源"治理的结果，真正依靠化肥减量的效果可能难以短期见效。三是政策是为阶段性目标制定的，实施本身就有期限。如政策设定化肥减量比 2015 年减少 3%~5% 和重点地区比 2015 年减少 10% 以上的目标本身离彻底解决面源来源还有很长的距离。要解决本书前面部分讨论所涉及的一些深层次问题，有必要按多元共治模式目标，就主要涉及间接性的政策提出一些优化思路和建议。

五、三峡库区农业面源污染治理探索、问题与思考

（一）三峡库区农业面源污染治理典型案例及实施情况

1. 流域农业面源污染治理项目

解决流域污染影响水质是地方政府一项极其重要的任务，水质达标是中央《水污染治理实施方案》（水十条要求）的重要任务。曾经是全国著名养殖大县的荣昌区就由于畜禽养殖污染引起长江支流流域的水质恶化，被重庆市政府实施区域环境准入政策的限制。因此，荣昌区把长江支流水环境质量达标和农村人居环境整治三年行动方案要求结合起来，按照畜禽养殖废弃物综合利用率 2020 年达到 75% 的具体目标，开展了畜禽养殖污染治理，实施情况和效果比较典型。

（1）荣昌区基本情况

荣昌区畜牧产业突出，是中国畜牧科技城，国家现代畜牧业示范区核心区，国家生物产业基地拓展区，种猪繁殖基地和仔猪产销基地，有国家级重庆（荣昌）生猪交易市场。畜禽产品有猪、蛋鸡、白鹅、蜂、牛、羊等。

荣昌区地处长江支流水系的濑溪河中段，上承大足区，下连泸县。濑溪河是穿越荣昌区最大的河流，干流长度 51.5 公里，一级支流 25 条，流域面积 708 平方公里，约占全区幅员面积的 70%。由于濑溪河穿城而过，历来就是荣昌生产生活最重要的水源。濑溪河流域（荣昌段）高洞电站断面是纳入国家水质考核断面之一，要求达到或优于Ⅲ类水质。2018 年 2 月、3 月、4 月连续水质超标，分别是 V 类、Ⅳ类、Ⅳ类。2018 年 4 月中旬，重庆市环境监测中心对濑溪河流域（荣昌段）共 30 个监测断面开展摸底监测，其中干流 9 个、支流 21 个，数据显示，濑溪河（荣昌段）干流水质均为Ⅳ类及以下。干流主要超标因子为化学需氧量、高锰酸盐指数、氨氮和总磷。分析其主要原因，主要来自畜禽污染形成的面源。

（2）畜禽养殖污染治理工程实施的做法和经验

一是制定和实施流域综合治理实施方案。2017 年 11 月，荣昌区制定印发《濑溪河流域综合治理实施方案》，明确"1+15"具体工作方案，列出排查出来亟须整治的 1268 个引起面源的具体问题。方案实施后，到 2018 年 9 月底，完成整治并销号 1227 个（处）问题，销号率 96.8%。2018 年 6 月，荣昌区印发《深化濑溪河流域综合治理工作实施方案》，明确了"1+19"具体工作方案，新增排查出来亟须整治的具体问题 776 个。9 月底，完成整治并销号 411 个（处）问题，销号率 53%。

二是用流域共治共享联席会议制度进行督促落实。另外，濑溪河主要流经大足、荣昌和泸县。因此，实现濑溪河水质根本性好转并长期达标，必须建立完善濑溪河流域共治共享机制。建立了渝西川东七区县联席会议制度，针对濑溪河水环境治理，进一步健全了濑溪河流域联防联控机制，大足、荣昌和泸县每年举办一次联席会，签订濑溪河流域水环境保护合作协议，共同研究和应对上游补充水源缺乏、全年降雨量严重不足、污染源治理修复不到位等方面的问题，推进跨区域河流共同防治，协同处理环境违法行为、污染纠纷和突发环境事故。

三是种养结合治理畜禽养殖。重庆日泉农牧有限公司是市级农业龙头企业，是西南地区规模最大、种养循环的农业龙头企业，主要经营生猪养殖、漏缝地板生产（大型规模化养殖场配套设备）和有机生态果蔬等业务，年存栏母猪 4000 头，出栏仔猪 10 万头。公司在猪场周边种植蓝莓、猕猴桃、果桑、葡萄等经济作物，形成种养循环农业经营模式，包括用"沼液还田"种植绿色果蔬菜；利用场外和场内划定的土地消纳沼液，栽种速生快长耐肥的蛋白桑，加工成青绿饲料，经济效益也较好；公司还结合冬季施肥、采用干湿分离堆肥和高位隔离式发酵床产生有机肥等方式，提高土壤有机质含量。累计完成 3000 亩、辐射带动 10000 亩实施了有机肥替代化肥项目。

（3）项目实施后水环境质量的改善效果

通过实施畜禽养殖污染治理项目后，荣昌区的水环境质量得到改善，濑溪河高洞电站断面监测的水质数据，2020年超标月数从2018年连续3个月降低到偶尔临近超标，全年基本达到Ⅲ类水质。

2. 果蔬茶有机肥替代化肥项目

2018年，按照中央1号文件、农业部开展果菜茶有机肥替代化肥行动方案的要求，重庆结合三峡库区种植果蔬茶等经济作物种类多、面积广的实际，制定了有机肥替代化肥试点方案。永川区、奉节县、忠县分别实施了以茶有机肥、脐橙有机肥、绿肥替代化肥为特点的实验项目，取得了一定效果。

（1）永川茶有机肥替代实施项目

永川区是全国茶叶规划优势发展区域，被列为全国早市名优茶百强县之一，重庆市确定的七大百亿级特色产业之一，重庆市茶叶重点实施县和标准化核心示范区，位列重庆市茶园种植面积第一，三个茶叶标准化重点示范县首位，也是永川区最具优势的特色产业。经过多年发展，全区已建成茶园面积7万亩，投产面积5.3万亩，年产茶叶5200吨，产值5.2亿元；茶产业从业人员3万余人。在茶园普遍推广有机肥替代化肥示范，既实现养殖废污有效消纳，也可实施化肥零（或负增长）增长行动；既减少化肥流失，又提高土壤有机质含量改善培肥地力，还可以提高茶叶品质和质量。

1）充分利用当地茶产业和养殖产业的规模优势，发挥生产配套基础设施条件。永川区投产茶园比较集中连片、规模宏大，种植大户和加工业主较多，名品众多并享誉海内外，生产力水平和产业化程度较高，其道路交通完善，排灌沟渠和蓄水、贮粪等基础设施较为配套，全区有机肥源充足有保障，以施用油枯等有机肥替代化肥的条件。技术模式成熟，有"茶叶有机肥替代化肥示范县"的实施条件和基础。

2）在产业布局上配套。在茶叶产区布局畜禽养殖场，使有机肥供应消纳配套。永川区分别在南、中、北三个茶叶生态生产区布局了相应规模的猪场、牛场和兔场，可年产兔粪2500吨、牛粪3万吨、猪粪6.5万吨，为茶园提供了充足的畜禽养殖粪便来源。茶业企业、种植大户根据生产和季节进行施肥。

3）推广水肥一体化技术模式。针对茶园地处山区和有机肥资源禀赋，永川区以"有机肥＋配方肥＋机械开沟深施覆土"技术模式为主，"畜—沼—茶＋管网浇灌"技术模式为辅，试点探索茶园"有机肥＋水肥一体化"技术模式，配套建设有机肥使用设施设备。项目区遴选国家级或市级标准茶园3-4个，建立禽畜粪污水（沼液）施用水肥一体化高标准示范茶园1500-2000亩，全年施用有机肥1.5万多吨，建设有机肥发酵床8000多平米，沼液周转池2600多平方米，水粪浇灌管网1700多亩，提高了科学施肥自动化水平和肥料利用效率。

4）提供精准指导服务。永川区成立以市农技推广总站、市农科院茶叶研究所相关专家牵头，区级相关部门技术人员为成员的6个技术指导专家小组，对实施主体进行"点对点"和"面对面"对口帮扶。从土样采集、监测点建设、试验示范设置，到有机肥发酵处理，发酵床和管网建设、施肥机械配置，开展全流程技术指导服务，为项目实施提供技术支持。

5）强化项目监管。在项目实施中，对申报对象与实施范围、建设重点内容与主推技术模式、资金支持环节与补助标准、有机肥购买数量质量、机械设备型号与价格、基础设施建设等各环节全面建立风险防控机制，实行任务清单管理，责任落实到人和实施主体，定期开展绩效问责追踪和效果评价，确保项目运行。

6）创新服务模式。采取"政府购买服务"方式，组建专业施肥队伍，并与专业贮运队、装卸队组建有机结合起来，培育新型社会化施肥服务主体，提高肥料统供统施社会化服务水平。通过实施茶叶有机肥替代化肥项目示范，初步探索了一套适宜山地环境的茶园有机肥收集、储运、发酵、施用生产运营模式，集成推广一批可复制、可推广、可持续的有机肥替代化肥生产技术模式，较好地解决了一家一户有机肥积造难、运输难、施用难的问题，构建了茶叶有机肥替代化肥的长效机制。

7）取得的效果。一是茶园有机肥替代化肥施用量 50%。二是形成一套茶叶产量质量安全保障机制。确保现实产量不减少、质量不下降，甚至达到增产和品质提升的目的，促进茶叶产品上档升级。三是建设不同层级茶叶标准示范园，全面提升永川区茶产业形象。四是完善茶叶科学施肥技术模式。五是建立茶园有机肥应用运转体系。探索并建立健全从规模养殖场（站）废污收集、分离处置、干湿发酵、贮存运输、再贮存到土间（茶园）施用全链条完整的运转系统和操作机制，形成可复制、可推广、可持续的禽畜粪污有机肥商业（品）化应用模式。

（2）奉节脐橙有机肥替代化肥示范项目

奉节县是三峡库区核心区的畜牧业大县，特别是生猪产出大县，畜牧产业年出栏 180 万头生猪当量，年畜禽粪便资源总量 380.32 万吨；同时是中国最负盛名脐橙的种植大县，脐橙等柑橘种植达 30 万亩。根据田间调查，全县脐橙园果农习惯施肥用量达 78 公斤（折纯），高于同区域水果平均用肥量，是全县农作物平均施肥量的 3 倍。实施利用畜禽粪便，减少脐橙化肥用量是实现化肥使用量零增长行动最便捷、最有效的途径。典型的做法和效果是：

1）推广"畜、沼、果"循环技术模式。奉节县推行畜禽粪便沼气化，使脐橙产区沼气覆盖率达到 62% 以上，沼渣、沼液利用率达到 95% 以上。然后推广以"有机肥 + 配方肥"模式为主，"果—沼—畜"模式为辅的两个主推模式，在核心示范区适度示范推广"有机肥 + 水肥一体化"和"自然生草 + 绿肥"模式，取得了良好的经济、社会、生态效益。

2）开展有机质替代化肥项目，按照养分等量替换原则，完成 4524 吨（折纯）化肥替换。2016 年柑橘的化肥利用率为 34.6%。2020 年肥料利用率提升到 40% 以上，奉节脐橙的化肥用量减少 20% 以上，核心产区和知名品牌生产基地（园区）化肥用量减少 50% 以上，化肥总体用量明显减少。

3）打造奉节脐橙绿色食品、有机食品基地（园区），开展农产品知名、著名、驰名"三名商标"和"三品一标"创建，按食品安全国家标准或农产品质量安全行业标准，提高脐橙产品品质，增加中高端供给，直接提高产品经济效益，更好地促进化肥替代。

4）在果树行间，种植绿肥、增施商品有机肥和沼渣沼液，提高土壤有机质，使果园土壤板结、贫瘠化、酸化等问题得到改善。2020年，全县柑橘果园土壤有机质含量提高0.3个百分点以上，土壤有机质含量稳定在1.6%以上。使土壤质量明显提升。

（3）忠县果菜茶有机肥替代项目

忠县既是三峡库区中的农业大县，也是山高谷深野生植物遍布的生态县。苕子为豆科野豌豆属一年生或越年生蔓生草本，又名蓝花草、野豌豆，是一种绿肥作物。在化肥未使用的年代，常有将种植出的作物和苕子作为肥料的习惯。忠县农技人员通过研究比较发现，苕子鲜草还田腐熟后能大幅提高土壤肥力，能提供纯氮7公斤/亩、五氧化二磷0.9公斤/亩、氧化钾4.5公斤/亩，每亩理论上能替代化肥用量30.3公斤。另外，苕子还能做饲料，每亩可累计收割2500公斤鲜草。苕子在贫瘠土壤上种植生长力最强，宜种性最广，同时还有杂草抑制率95%的能效。

忠县以实施果菜茶有机肥替代化肥试点项目为契机，把传统使用绿肥的方法总结并完善出了"苕子绿肥＋有机肥＋配方肥"的技术模式，推广后收到了明显效果。2017年，全县播种绿肥5万亩，其中油菜青绿肥3.5万亩、苕子绿肥5000亩、胡豆等绿肥5000亩。经测产，油菜青绿肥最高生物产量2900公斤/亩，平均亩产量2500公斤/亩；胡豆绿肥最高生物产量1200公斤/亩，平均亩产量800公斤；苕子绿肥最高生物产量1600公斤/亩，平均亩产量1200公斤。

因此，苕子绿肥既能增肥，还能实现以草治草，做到化学除草剂零施用；既能对土壤有保温保湿效果，又可有效防止水土流失，特别适合三峡库区水生态涵养。

（二）农业面源污染防治实践经验总结与思考

从实施情况看，凡有资金人力资源投入的项目都有效果，尽管效果的程度并不容易客观判断，但从间接的数据或直观的观察都能够有所反映。总结起来，项目实施除看准主要原因和实施动力外，还必须找准解决方向和其他一些条件，才能形成好的效果。

1. 解决面源污染问题可以从微点源治理入手

（1）把面源污染问题微观化为点源治理

面源强度大的宏观区块，微观看可能就是很多较小的点源构成。从荣昌区的项目情况看，若把面源影响区域比例放大，可以找到分布较广的点源。如在濑溪河流域就排查出了1268个具体问题，可能就是1266个相对微观的点源。因此，通过解决这些微点源的问题，面源的影响就可以解决。从2017年12月到2018年9月底，10个月时间整治并销号完1227个（处）问题之后的整体效果说明了微点源问题的影响。

因此，农田面源污染防治，可以通过查找出微点源后，因地制宜配套建设一定工程措施。如在坡耕地建设生物拦截带，并配套建设集水窖、导流渠（管）、灌溉管带等坡耕地径流集蓄与再利用设施；在平原水网区域，建设生态沟渠和多塘系统。并根据实际条件设置一些农业废弃物田间处理池、化学品包装物田间收集池等田间暂存利用设施。把微点源适当集中后进行处理或消纳。

（2）面源污染治理须重视配套措施补贴

奉节是生猪产出大县，畜牧产业年出栏180万头生猪当量，年畜禽粪便资源总量380.32万吨，尽管对应有30万亩柑橘地可以消纳，但把这些粪便平均送到每亩柑橘地里，运输就成了主要问题。奉节县推行"畜、沼、果"模式，先使畜禽粪便沼气化，实际上就是依靠补贴企业经营成本来解决的。"有机肥＋配方肥"模式除补贴配方肥外，也需要补贴运送成本。要使脐橙产区沼气覆盖率达到62%以上，沼渣、沼液利用率达到95%以上，必须依靠补贴。如2019年奉节县农业农村委（奉节农发〔2019〕177号）安排给10家企业2150亩"果、沼、畜"模式补贴258元/亩（共55.5万元）；安排42家10050亩"有机肥＋配方肥"模式360元/亩补贴

（共 361.8 万元）。说明企业无论是采用集中制沼后分散运送沼液、沼渣，或分散制沼施用，还是统一运送有机肥，都需要一定运送成本。目前，还没有不需政府补贴的成功案例。

（3）畜禽养殖污染治理的重点是降低治理成本

从治理技术角度看，规模化养殖场可因地制宜地采用污水减量、厌氧发酵、粪便堆肥等单项技术，按照种养一体化、三改两分再利用等模式处理畜禽粪污；分散畜禽养殖密集区可因地制宜建设粪污集中处理设施，鼓励转变养殖方式，发展适度规模化养殖。但从治理工程或项目实施角度分析，这些设施建设都必须安排资金、投入人工和建筑材料，成本会随着经济社会发展水平的提高而增长，因此一定要按照有利于降低畜禽粪污处理成有机肥前后的运送成本的原则进行规划、设计和实施。

2. 有较高附加值才有条件实施可持续治理

（1）面源污染治理的公司化运营

从三峡库区这些实施效果较好项目的情况看，基本上都建立了以当地龙头企业或专业合作社牵头的项目实施主体。一是国家和当地政府补贴都必须通过经营主体的竞争性投标取得；二是通过专业化合作才能形成规模效益，降低实施成本；三是可以采用类似或统一的技术模式，便于指导和推广。无论是荣昌区的西南地区规模最大种养循环农业龙头企业自己实施，还是忠县的国内驰名橘汁品牌企业牵头，还有奉节县的 10 家平均 215 亩的"果、沼、畜"模式企业联合中标，都无一离开这种形式。

（2）有高附加值或大规模消纳的产业基础

实施较好的项目还有一个特点就是与较高附加值商品相连，如忠县的高端果汁"派森百"至少拉动数万亩的柑橘种植和有机肥替代，其生产果园亩产值达 1.5 至 2 万元；荣昌西南地区最大种养循环的农业龙头企业，不仅有年存栏母猪 4000 头，出栏仔猪 10 万头的养殖规模，还有生产大型规模化养殖场配套设备的能力；奉节则有全国闻名的"脐橙"地域品牌；永川则有茶叶生产的规模优势。

3.现阶段治理还离不开国家财政补贴

现阶段三峡库区大部分地区都属于非工业大县，无论是牵头企业还是农业大户都承担不起为面源污染治理增加的投入，当地政府也没有能力进行补贴。大部分项目实施几乎全部依靠中央财政补贴。

由于地形条件的限制，三峡库区农业生产很难实现大规模机械化操作。一是各种生产资料、需消纳有机肥和有机物等的微运输需要的相应劳动力远高于平原地区，使得这一地区农副产品的地域特色优势被偏高的成本所抵消，在市场上没有较高优势的竞争力。二是无论实施畜禽粪污消纳或有机物利用，还是实施规模相同、要求相同的工程投入也远高于平原地区。如忠县 2017 年实施 3 万亩柑橘有机肥替代化肥项目获得中央财政 1100 万元补贴，每亩补贴 350 元左右。奉节县 2019 年实施 10050 亩"有机肥＋配方肥"模式项目，每亩补贴 360 元。而 2019 年获得中央财政支持实施有机肥替代项目的全国百县平均每亩补助为 50～100 元。按广东省补贴标准要求不超过项目资金 30% 估算，国内其他地区同类项目的平均实施成本大约在 250 元左右。理论上初步估算，三峡库区实施项目的平均成本高出 40%；实际上，因山地的制约因素更多，可能达到质量要求的成本只会高更多。

因此，在三峡库区产业结构中农业占比很大的地方，既要保持农业稳定发展，又要依靠农业自身解决面源污染治理，在现阶段几乎很难实现。

（三）对农业面源污染治理实践的多视角思考

从对面源污染治理政策和治理项目案例的分析和回顾可以看出，农业面源污染问题绝不仅仅是一个农业生产过程中的环境保护问题，而是一个必须放在人类发展历史进程、特别是产业发展趋势视角去审视的农业发展模式或农业发展机制范畴的问题。显然，要想找到解决农业面源污染问题的正确途径，不能单纯地只囿在环境领域或污染治理的领域内寻找，必须在科学认识污染产生机理和排放特性的基础上，分析产生原因背后的农户行为和农业发展方式，特别是农业生产条件和市场激励或约束机制所起的推动作用，从而认识目前农业及其依赖的自然条件困境下，农业发展面临的客观现实，由此才能找到符合客观现实并有现实意义的治理途径。因此，本书希望从几个不同角度来审视农业面源污染问题。

1. 从产业结构变化视角

（1）化肥农药使用与产业结构变化的关系

1）我国作物化肥单位施用量和总量变化的总体趋势

侯萌瑶、张丽等（2017）在"中国主要农作物化肥用量估算"一文中统计，从1980年到2014年，我国农作物化肥使用总量从1269.4万吨增加至5995.9万吨，近乎增长了5倍，增长速度较快。同时对各种农作物单位面积化肥用量分析，发现单位面积施用量，从高到低依次为水果、糖料作物、蔬菜、烤烟、棉花、谷类作物、油料作物、豆类作物（图5-1）。但在不同农作物化肥总用量的数据中，可发现粮食作物的化肥总用量尽管最大，但是其占农作物化肥总用量比重一直呈下降态势，从1998年的60.02%降低到2014年的49.75%，降低了10.27%。从1980年到2014年，水果播种面积占总播种面积比重由1.75%增加到8.37%，增加了5

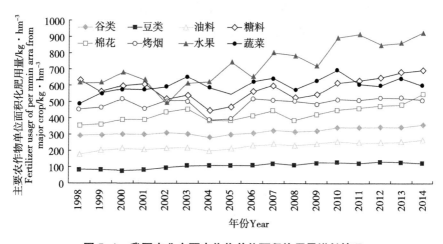

图5-1　我国农业主要农作物单位面积施用量增长情况

来源：《农业资源与环境学报》2017，34（4）：360-367

倍；蔬菜由 3.10% 增加到 13.65%，增加了 6.8 倍，其化肥用量比重分别从 13.38%、11.76% 增长到 18.81%、17.82%，增幅很大。水果和蔬菜的化肥用量比重的增长，说明目前我国蔬菜和果树已经成为化肥施用总量最大的作物类别。

2）我国作物农药施用量总体变化趋势

在农药使用方面，理论上其总量与化肥施用量增长相关，从 1991—2010 年大约 20 年期间，我国农药施用总量增长，主要原因是蔬菜作物、水果和经济作物种植面积的显著提升。理论上，当单位施用量基本保持稳定的条件下，总量增长与种植面积成正比，因此，全国农药的施用量与化肥施用量在总量中占比应该基本一致。

3）农业结构变化与化肥农药施用量的关系

从数据看，在 2015 年以前，所有作物的化肥农药单位施用量总体上都有一定程度的增长，从某种角度说明，要么全国土地肥力总体上一直有下降的趋势，要么施肥的过程越来越粗放，实际利用率下降。水果和蔬菜的化肥用量年均增长率分别是谷类作物的 3.7 倍和 3.3 倍，说明我国水果和蔬菜的化肥消费需求日渐增长，也在逐渐成为我国化肥用量的主要贡献者。水果、糖料和棉花类增长幅度相对较大，从某种角度说明，要么种植这几类作物的土地肥力下降幅度高于种植其他作物，只能依靠化肥提升；要么依靠增加强度提升作物单产。而蔬菜类随年份波动较大，一是说明蔬菜受需求变化影响较大，品种会随市场年份变换，而不同品种对化肥农药的需求量并不完全一样。二是蔬菜的化肥效率远远高于其他作物，随着年份的不断推进，蔬菜的化肥效率增幅最大。2014 年我国谷类作物单位面积化肥用量为 361.02 kg·hm⁻²，而水果和蔬菜的单位面积化肥用量分别为 931.98 kg·hm⁻² 和 603.30 kg·hm⁻²，远远高于谷类作物的单位面积化肥用量。但水果、蔬菜类化肥施用总量占比提高很快，除水果的化肥效率降幅最大之外，说明随着我国生活水平的不断提高，人们对水果、蔬菜的需求量提高，而粮食需求量相对降低，反映在农业结构中，就是果类、蔬菜类种植的面积或强度增加。下面的三峡库区种植业发展情况，似乎也反映出这种趋势。

（2）三峡库区种植业情况

目前，三峡库区和其他所有地区一样，一直都有农业产业结构转型的愿望，希望调整到高端。如发展附加值较高的水果、蔬菜和中药等经济类作物，目的是增大库区农业产值，增加农民农业收入；同时又保持住自己的传统特色农业优势，充分发挥当地根据自然条件形成的产业模式和传统加工技艺，使之形成规模更优更大的产业集群。但随之产生的化肥和农药施用量的潜在增长、畜禽粪便工艺化处理及资源化利用总量的增加，是三峡库区及影响区面源污染治理面临的重要任务。这一地区农业产业规划中重点形成以下一些传统优势产品链目标：

1）柑橘产业链

以三峡库区沿长江地区为重点，建设万州区、忠县区、开州区、云阳县、奉节县、巫山县、渝北区、长寿区、涪陵区、江津区等十大柑橘产业基地，梁平、长寿、丰都、垫江四大名柚基地。2020年，形成柑橘基地面积330万亩（其中晚熟柑橘150万亩以上），橙汁加工能力达到100万吨以上，总产量达到330万吨，产业链综合产值达到300亿元，成为中国最大的晚熟柑橘基地和橙汁加工基地。

2）榨菜产业链

以涪陵区、万州区、丰都县等三峡库区区县为重点，拓展"鲜销、加工"两条渠道。推进基地建设提档升级，推行标准化生产，支持榨菜基地由无公害向绿色、有机方向提升。2020年，三峡库区及影响区榨菜种植面积达到200万亩，产量达到300万吨，产业链综合产值达到120亿元，建成全球最大的榨菜种植加工基地、供应北方地区青菜头的最大基地。

3）草食牲畜产业链

发展以优质肉牛、肉羊、肉兔、长毛兔为主的草食牲畜。重点建设丰都、石柱、梁平等14个肉牛重点生产区县，酉阳、云阳、巫溪等12个肉羊重点生产区县，忠县、石柱、开州等18个兔重点生产区县。2020年，重庆三峡库区及影响区出栏肉牛达到120万头、肉羊达到350万只、肉兔达到 5000 万只，产业链综合产值达到 260 亿元。

（3）三峡库区畜禽养殖业情况

1）重庆三峡库区畜禽养殖总体情况

有关单位曾经对重庆三峡库区及影响区范围行政区县的畜禽养殖相关情况做了随机抽样调查统计，调查时间截止到 2018 年 10 月，调查范围覆盖三峡库区及影响区，调查对象涉及大中小型各类畜禽养殖户总共 29813 家①。其中畜禽养殖专业户 18058 家；集约化畜禽养殖场 5188 家；规模化畜禽养殖场 608 家；大型畜禽养殖场 117 家。

在调查的 29813 家畜禽养殖户中，非正常生产的有 4627 家，其中临时性停产有 447 家，长期停产有 638 家，已关闭或搬迁有 2051 家，已停产整治有 49 家，自然关闭有 1366 家，在建 76 家，处于正常饲养状态的养殖场共计 25186 家，只有 81.6%。

2）畜禽养殖以小规模专业户为主

按养殖规模分类，畜禽养殖户可分为畜禽养殖专业户、集约化畜禽养殖场、规模化畜禽养殖场和大型畜禽养殖场等。按照截至 2018 年 10 月调查数据，重庆三峡库区养殖具体种类和规模如下：

养殖专业户共 18058 家，占总养殖户数比例 71.37%，总存栏生猪当量 141 万头，占总养殖当量的 24.5%；其中养猪场 8814 家、养鸡场 1989 家、养牛场 3435 家，其他养殖品种 3820 家。存栏生猪当量小于 20 头的有 1332 家，占总养殖户数比例 5.26%。

集约化畜禽养殖场 5188 家，占总养殖户数比例 20.50%，折合总存栏生猪当量 192 万头，占总养殖当量的 33.4%。其中养猪场 3565 家、养鸡场 791 家、养牛场 661 家，其他品种 171 家。

规模化畜禽养殖场共 608 家，占总养殖户数比例 2.4%，总存栏生猪当量 150 万头，占总养殖当量的 26.1%。其中养猪场 425 家、养鸡场 78 家、

---

① 畜禽养殖专业户指存栏生猪当量 20 头 –200 头养殖户；集约化畜禽养殖场指存栏生猪当量 200 头 –1000 头养殖户；规模化畜禽养殖场指存栏生猪当量 1000 头以上的养殖户；大型畜禽养殖场指存栏生猪当量 3000 头以上的养殖户。

养牛场 93 家，其他品种 12 家。

大型畜禽养殖场共 117 家，占总养殖户数比例 0.46%，总存栏生猪当量 74 万头，占总养殖当量的 12.9%。其中养猪场 82 家、养鸡场 16 家、养牛场 18 家，其他品种 1 家。

小规模专业户比例很高。71.37% 的养殖专业户，只贡献总养殖当量的 24.5%。基本符合二八规律。

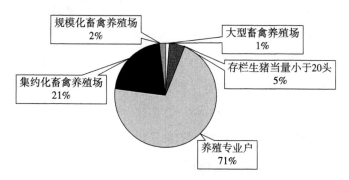

图 5-2 不同规模养殖场数量占比情况（%）

数据来源：《重庆统计年鉴》，作者整理。

由图可知，三峡库区及影响区畜禽养殖户主要以 200 头当量及以下的小型养殖户和散养户为主，占全部调研养殖户（场）的比例约为 77%，饲养畜禽当量值占比畜禽养殖当量总值不到 30%。200~1000 头养殖当量的养殖户占比 20.55%，养殖当量占比约 40%。1000 头养殖当量以上的养殖户占比 2.4%，养殖当量占比为 31%。养殖当量大于 3000 头占全部养殖户的 0.47%，畜禽当量占畜禽养殖总当量的约 16%。

3）除规模化以上养殖外的养殖粪便治理及资源化比例低

① 配套养殖资源化设施情况

根据上述调查统计数据，从需要技术和工程的角度，基本都需要增加畜禽养殖粪便处理和资源化利用技术和工程建设。如雨污分流系统、沼气生产储存和利用系统、沼液储存和利用系统，有机肥生产（堆肥）系统等技术和工程。

按养殖场是否建设环保配套设施统计：畜禽养殖专业户配套雨污分流系统、沼气生产储存和利用系统、沼液储存和利用系统的比例仅为 27.5%。

集约化畜禽养殖场配套雨污分流系统、沼气生产储存和利用系统、有机肥生产（堆肥）系统、沼液储存和利用系统的比例为25.4%。规模化畜禽养殖场配套雨污分流系统、固液分离系统、沼气生产储存和利用系统、有机肥生产（堆肥）系统、沼液储存和利用系统的比例为67.6%。大型畜禽养殖场117家基本都有配套。

②三峡库区环保设施配套情况

三峡库区：畜禽养殖专业户中，九龙坡、长寿、武隆、涪陵、南岸等区的设施配套比在50%以上；集约化畜禽养殖中，长寿、渝北区，石柱县达到50%以上；规模化畜禽养殖中，长寿区、石柱、巫山县、巴南区、渝北区、奉节县、涪陵区、丰都县、武隆县、云阳县、巫溪县达到50%以上。

影响区内，畜禽养殖专业户中，合川区、璧山区设施配套比在50%以上；集约化畜禽养殖中，璧山区、彭水县达到50%以上；规模化畜禽养殖中，永川区、秀山、合川区、南川区、大足、彭水、綦江区、潼南县、荣昌区、璧山区、黔江区、梁平县、垫江县达到50%以上。

各区县畜禽养殖场处理工艺中种养结合、达标排放和生物发酵床工艺处理情况如表5-1所示。总体来看，以种养结合为畜禽养殖的主要处理方式，占总养殖户数比约为96%。

表5-1 重庆三峡库区及影响区畜禽养殖场环保配套设施建设情况

	排名	畜禽养殖专业户		集约化畜禽养殖场		规模化畜禽养殖场	
		区县	配套比例	区县	配套比例	区县	配套比例
三峡库区	1	九龙坡区	100	长寿区	99.1	长寿区	100
	2	长寿区	92	渝北区	73.8	石柱	100
	3	武隆县	80	石柱	59	巫山县	85.7
	4	涪陵区	53.7	涪陵区	30.2	巴南区	85.7
	5	南岸区	50	九龙坡区	30	渝北区	80
	6	渝北区	46	巫溪县	29.5	奉节县	72.2
	7	江津区	36	忠县	24.5	涪陵区	70.8

	排名	畜禽养殖专业户		集约化畜禽养殖场		规模化畜禽养殖场	
三峡库区	8	北碚区	33.8	北碚区	22.2	丰都县	70.4
	9	忠县	28.2	丰都县	19	武隆县	66.7
	10	巴南区	25	巫山县	16	云阳县	66.7
	11	云阳县	23.1	江津区	15.4	巫溪县	53.3
	12	丰都县	19.2	武隆县	13.2	万州区	41.7
	13	巫山县	18.6	奉节县	11.7	江津区	38.1
	14	开州区	16.7	开州区	11.4	忠县	31.8
	15	万州区	15.3	万州区	11.1	开州区	24.2
	16	江北区	13.8	巴南区	10	渝中区	0
	17	石柱县	13.1	云阳县	6.2	大渡口区	0
	18	巫溪县	12.5	渝中区	0	江北区	0
	19	奉节县	6.9	大渡口区	0	沙坪坝区	0
	20	渝中区	0	江北区	0	九龙坡区	0
	21	大渡口区	0	沙坪坝区	0	南岸区	0
	22	沙坪坝区	0	南岸区	0	北碚区	0
	23	两江新区	0	两江新区	0	两江新区	0
	平均		31.09		21.92		44.88
影响区	1	合川区	67	璧山区	67.3	永川区	100
	2	璧山区	51.6	彭水县	52.3	秀山县	100
	3	綦江区	45.53	南川区	46.2	合川区	93.7
	4	南川区	43.4	秀山县	36.4	南川区	91.3
	5	永川区	41.1	垫江县	34	大足区	88.89
	6	潼南县	34.5	潼南县	33.8	彭水县	85.7
	7	荣昌区	30.4	荣昌区	24.4	綦江区	83.33
	8	铜梁区	30.1	大足区	20.00	潼南县	79.6
	9	大足区	24.07	铜梁区	19.5	荣昌区	76.9
	10	黔江区	14.8	綦江区	16.42	璧山区	75
	11	秀山县	13.2	梁平县	16	黔江区	62.5
	12	梁平县	12.7	合川区	15.3	梁平县	60
	13	城口县	11.9	黔江区	14.1	垫江县	56.3

续表

	排名	畜禽养殖专业户		集约化畜禽养殖场		规模化畜禽养殖场	
影响区	14	彭水县	9.7	城口县	10.8	铜梁区	35.7
	15	垫江县	4.9	酉阳	9.9	酉阳	35.7
	16	酉阳	0.8	永川区	5.8	城口县	33.3
	平均		27.23		26.39		72.37

数据来源:《重庆统计年鉴》, 作者整理。

（4）种植养殖结构的影响

畜禽养殖粪便是面源污染产生的主要污染源。产污系数大约为干粪量 1.5kg/ 猪天、污水量 15kg/ 猪天, 因此三峡库区及影响区的养殖产污量非常大。宏观地看, 种植养殖结构的科学化, 以及养殖布局的合理化, 可以大大减少运输的成本和不便, 提高种养结合就地消纳养殖粪便规模、减少化肥消费的能力。但微观地看, 必须精准地做好种养结合在能力和设施匹配方面的工作, 否则形成的面源问题反而更严重。

目前, 三峡库区处理粪便主要通过沼气池处置利用的方式, 由于畜禽养殖点分布较广, 而配套沼气设施规模小、质量差、管理疏忽等因素（如沼气池容量不能满足当天排污需求、缺少防渗透、防漏和防雨水的设施）, 给养殖污染治理带来困难, 导致粪污处理和利用率不高, 结果由微点源变成面源污染。

1）存在种养布局和规模不匹配

分析 40460 个调研得到的畜禽养殖问题发现: 一是养殖场处在禁养区内问题 1288 个, 其中 108 条纳入整改计划并基本完成; 还有 18 家养殖场属于环境准入要求问题。二是其中有 32273 个问题表明, 存在种养匹配能力方面的问题, 如无沼液还田利用、沼液池容积不足或无有机肥堆肥存储系统等情况, 占问题总数的 81%。三是处理设施能力和质量不达标, 约占 14.5%。可见, 三峡库区畜禽养殖废弃物处理问题中, 种养结合的匹配和工艺能力是最亟须解决的问题, 如图 5-3 所示。

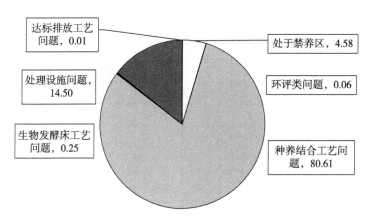

图 5-3 三峡库区及影响区畜禽养殖场存在问题分类及占比情况（%）

数据来源：《重庆统计年鉴》，作者整理。

2）养殖规模化比例太低难以种养匹配

从统计的数据看，重庆三峡库区及影响区畜禽养殖长期存栏约 4000 万头生猪当量，各类畜禽粪污产生总量约 1.15 亿吨。统计测算综合处理率尽管达到 78%，但仍有 22%、约 2500 万吨畜禽养殖粪便未能有效处理。调查情况说明，到统计截止时，仍有 19526 家养殖户的各种问题还没有整治，约占问题总数的 93%，与畜禽养殖主要处理方式占总养殖户数比约为 96% 的数据相关联后，可见种养能力匹配问题的严重性及解决的难度。

表 5-2 养殖场工程问题整治情况分析

所在区县	问题总数			完成数		剩余数	
	家数	当量数	任务量	家数	当量数	家数	当量数
万州区	1252	260967				1143	207406
涪陵区	701	124276				628	62339
綦江区	382	97046				165	15316
大足区	597	110021				456	72268
黔江区	393	62639				327	37988
长寿区	399	125241				139	27951
江津区	443	125570				388	101532
合川区	1448	427051		10	892	523	141291

所在区县	问题总数			完成数		剩余数	
	家数	当量数	任务量	家数	当量数	家数	当量数
永川区	89	31380				66	11160
南川区	967	136874		120	12807	470	36055
万盛经开区	136	19695				131	18015
双桥经开区	34	3681				34	3681
潼南县	382	136403				231	83868
铜梁区	1123	306912				999	236226
荣昌区	328	79683				276	46049
璧山区	812	127391				750	99114
梁平县	1119	249248				904	134057
城口县	511	47508				498	40448
丰都县	1342	237085				1105	102583
垫江县	645	122622				628	103801
武隆县	436	105368				382	56778
忠县	656	117959				598	99646
开州区	1383	300685				1086	158412
云阳县	1020	131146				904	93073
奉节县	875	131166				776	90050
巫山县	330	56873				311	37221
巫溪县	949	92966				923	70328
石柱县	948	78979				936	77469
秀山县	749	58116				739	55514
酉阳县	1070	118684				1070	118684
彭水县	1529	118964				1460	101916
江北区	28	2391				28	2391
九龙坡区	4	958				2	175
南岸区	6	340				6	340
北碚区	80	15570				54	3608
渝北区	276	39294				268	26694
巴南区	143	30919				122	19122

所在区县	问题总数			完成数		剩余数	
	家数	当量数	任务量	家数	当量数	家数	当量数
合计	23585	4231671	0	130	13699	19526	2592569

注：表格中不包括已经没有养殖的渝中区、沙坪坝区、大渡口区和两江新区。

数据来源：《重庆统计年鉴》，作者整理。

2. 从人口变动视角

尽管三峡库区在地理上并不是适宜农业和居住区，但实际上却一直是人口的密集区。狭义的三峡库区东起湖北省宜昌市，西至重庆市江津区，包含 29 个县市区，总人口 1959.21 万，其中农业人口 1423.71 万，占库区总人口的 72.60%，库区土地总面积 5.8 万平方千米，耕地面积 101 万公顷。由于影响区涉及湖北省、重庆市、四川省和贵州省的部分地区，范围涉及太广，农业人口难以统计。本书只就重庆三峡库区的人口变化趋势对农业面源污染问题的影响进行讨论。

（1）农业人口实际下降速度远快于统计趋势

三峡库区随着城镇化水平的提高，农村人口基本处于下降趋势。这个趋势完全符合全国城镇化的进程趋势。以三峡库区原最大的农业县现开州区为例，开州区农业人口的绝对数从 1978 年 121.4 万一直缓慢增长到 2009 年的 139.23 万，又从 2010 年的 118.23 万缓慢下降到 2019 年 104.97 万，下降幅度 11.2%。2009 年和 2010 年相比农业人口之所以有一个很大幅度的下降，是因为当时重庆实施了一项大规模的农村人口向城镇人口的身份转换行动，把实际早就脱离了乡村的农业人口的身份一次性转变成了城镇人口的身份。

与此同时，开州区的城镇化率从 2010 年的 15% 上升到 2019 年的 49.58%，上升幅度 34.58%。考虑到城乡人口身份转换随着我国社会保障水平的提高已经变得不再重要，仅从 2010 年到 2019 年的情况看，同期城镇化率上升幅度远高于农业人口下降幅度，说明农村实际人口下降幅度比统计的要大得多。按理论上农村实际人口下降幅度应该与城镇化上升幅度基本一致的推断，也就是说，实际上农村人口下降幅度可能会是统计幅度的3倍左右。

（2）劳动力是造成山地农业面源污染问题的主要因素

自古以来，农业种植业产出的效果大小，建立在劳动力、土地、作物、肥料等要素加天气的有机结合上。在过去很长的时期，农业以粮食作物为主，除掉天气无法掌控外，这几大要素的构成、结合相对稳定，一直保持着良性循环的农业生态，基本上对环境没有负溢出影响。而以山地为主的粮食区，由于较正常地区对劳动力需求程度相对更高，这些地区的粮食产出要么相对较低，要么劳动力人口付出的辛劳更大。直到最近，农业机械、育种、化肥农药、灌溉等技术因素逐渐发展，这些要素的结构发生了根本变化。机械化耕种、优良种苗培育、化肥改变了几千年来自然条件对粮食作物种植产出的限制，粮食生产力获得极大的提高，改变了不同地方、不同条件都以主要种植粮食为主的同一农业结构，当然也就彻底改变了各地长期以来形成的自然循环农业生态。特别是对于以山地为主的农业区，这种影响更为剧烈。

1）农业劳动力从相对无限更容易转变为相对稀缺。相对于其他高产粮地区，粮食种植必要性大为下降。只有适合当地气候条件的经济作物才具有比较种植意义，但比较优势还要取决于种植劳动力比较成本。特别是农业劳动力需求有因季节和农时要求同时出现短时高峰和高强度的特点，当城镇化速度加快时，农业劳动力不再相对过剩，山区农业劳动力人口转移与下降速度加快趋势同样难以避免。因此，相对有比较优势的经济作物种植所需劳动力也不再是无限而是十分有限的。

2）凡是能够降低劳力付出的种植方式更易普及。比如，对于农业生产要素的频繁移动调配来说，山地需要的微运输，或者最后一公里配送的劳动力能力要远高于其他地区。比如，同样100斤重的肥料，平原地区依靠小车一个孩子就可以轻而易举运送到田间不同位置，而山区却只能依靠一个壮劳力十分费力地运送到田间。因此，追求简易便捷的耕作或劳动方式是人的本性。

3）随着近 20 年农村基础教育的普及，劳动力人口价值提高，对生产要素的认识也发生变化，过去认为自身劳力不值钱的观念开始转变。能用机械代替人力的就可以用机器，能用成本较低物料代替劳力的就可以替代。但与平坦地区可以广泛采用耕作、播种、施肥、运输等各种大小型农业机械相比，山区地形对机械移动和运输的自然限制仍然很大，于是，物料替代劳力就可能成为劳动过程的首选。

（3）劳动力供应减少需要其他生产要素的增加来弥补

因此，从以人为中心的视角看，在农业人口减少趋势加快、农业结构向经济作物倾斜这样一种大历史背景条件下，三峡库区农业区劳动力人口会普遍面临劳动强度增加这种具体的挑战。解决这一问题有好几种途径，一是通过现代高科技手段帮助解决。如喷洒农药无论平原还是山地都可以通过操作无人机喷洒替代人工，大量节约人工和时间。二是增加适合山地作业的小型高效农业机械，依靠机械化解决高强度的高峰劳动力需求。三是通过增加成本相对较低的要素投入，在农业生产中几个重要的要素构成中，最容易被采用来代替或减轻劳力需求的就是化肥施用。这和人们采用那种非常不利于节约用水的"大水漫灌"方式的原因是完全相同的，当然除了水成本更低之外。我国单位耕地面积施肥量从 1978 年 88.94kg·hm^{-2} 递增至 2013 年的 437.39 kg·hm^{-2}，超过发达国家安全施肥标准 225 kg·hm^{-2} 一倍多的数据，至少可以在一定程度上印证这种用材料替代人力的情况。

3. 从技术更新视角

（1）面源污染治理技术发展没有市场动力

从技术发展角度看，人类投入最久最多的技术研究莫过于使粮食作物增产，从提高、改进高产育种、耕种机械、灌溉方法等技术到增加化肥、农药效果都凝聚了历史上无数粮食种植者的心血和现代研究人员的努力。相对于农业种植技术，面源问题出现不过 30 多年，对治理技术的需求也就 20 年左右，更何况由于问题的外部性，农业从业者对此并不关注，只能是政府关注并投入研发，真正的市场很难得到相应的重视，或者说难以发展成为一套市场化的环境治理技术体系。

（2）外部治理技术路线很难持久

由于还未能从源头解决面源产生的问题，面源污染治理在技术路线上都还集中在污染结果的外部性方面，通过人力采用工程、生物或生态等其他方式，在中端与末端进行收集、消纳或处置。这些末端处置技术的原理和机制已经十分清晰，只要学习借鉴现成的工业和城市污染治理技术就可以解决，方式也相对成熟。问题是大规模集中应用技术本身不是主要障碍，而是工程投入和日常运行的成本问题。由于不能将日常运行成本摊入农业生产，目前的治理技术应用还是依赖外部投入，而这种投入如果是一次性或短期的，基本上就不能持久。

（3）前端技术与效率的矛盾很难解决

前端预防技术一般有政府通过对农业生产制造业管制，或对农业种植过程提供指导两种方式来提供。对于前一种方式，管制较为有效也非常容易，通过标准和政策就可以实施。如规定生产农药产品的低毒性、无害性、缓释等的要求和强制标准。但后一种方式，理论上则是引导限制前端生产要素施用的强度或总量。从生产者角度看，这会降低产出效率，或增加前端的投入。如化肥使用推广测土配方，前端需要增加测土程序，然后才配方施肥，若没有很专业的能力或方便设施辅助，仅从劳动力投入和抢农时来看，的确可能是费力费时的事情。

（4）有待于前端耕作技术的发展

随着国家对农业基础条件的重视和农业机械市场的发展，近年来改善前端种植条件、施肥技术和效率的农业机械以及其他适合规模化种植的基础设施都有很大的创新和完善，特别是施肥机械的改进，在规模化农田中的施肥效率已经开始从过去粗放的土壤表面施撒转变为精准的机械入土施投，加上配备科学的灌溉，化肥利用率大为提高，从而变成为面源的程度大大降低。三峡库区虽然属于山地农区，大规模农业机械还无法使用，但随着农业机械发展的加快，也有适合山地小规模地块使用的耕作和施肥机械开始出现。同时，劳动力成本的提高也会极大地拉动小型农业机械设备的发展。

4.从制度环境变迁视角

（1）农村劳动组织制度

农业生产方式和农业组织方式密切相关。事实上，我国农业从上千年的传统耕作方式转到现代农业条件下的耕作方式的时间还非常短暂。无论农业生产者，还是农业管理者都还没有来得及从依靠化肥农药快速增产的喜悦中平静下来，就又进入了农业面源污染时代。而伴随着农业迅猛发展的是从有组织的集体劳动退回以家庭为单位的个体劳动的制度环境。这种劳动组织与传统耕作方式有上百年的传统和经验，可以最有效率地发挥与之适应的生产力和得到最有效的作物产出。但以家庭为单位的这种劳动组织，一是难以主动地学习，或很难有机会参加规模性的测土配方技能培训；二是对农忙时的高峰劳力需求难以应付，因为与发达国家的农业种植家庭相比，缺乏完备的第三方服务市场机构的技术服务。

（2）环境监管很难作为

我国农业环境监管因面源出现严重问题不过20来年，起步相对很晚，目前，只能依靠农业部门采取宣传、引导方式来预防和减少农业面源污染的产生。而环境监管部门因化肥农药农膜使用产生污染过程的非显性和滞后性，并不直接污染环境，事实上也无法监管和执法。正因为其无法像点源一样可以监管的特点才被称为面源（非点源）。从某种角度说，这个问题与另一种面源（汽车）污染监管困难相似，交通警察、环境监管、交通管理部门都无法直接监管，只能依靠汽车制造标准和年检，农业过程更分散更复杂，想设置年检都找不到一个可能的环节。因此，无论农业部门还是生态环境部门都不可能依靠直接监管和执法来解决这个问题。

（3）不能只囿在农业本身

显然，在解决面源污染治理的制度环境设计上，不能限于污染监控或管理本身，简单照搬点源治理的制度环境。从我国实践看，面对这类问题的起步还比较晚，重视的问题还较窄，经验和教训都还太少。可以借鉴或启发的几个典型例子，第一个就是汽车排放污染治理的制度环境，通过抓燃料标准（如提高燃油标准，或改用电动）和制造标准（如发动机排放制造标准），而不是依靠对具体每一辆汽车直接监管或执法；第二个可能就是创建市场环境，引进第三方提供测土配方服务效率，既提高作物产出效率又降低化肥等要素使用量从而降低成本。总之，制度环境变迁的方向应该是多维的。

5. 从激励政策视角

（1）法治环境还远未成熟

目前，我国专门针对农业面源污染治理的法律、法规还未有体系的建立，只有一些原则性要求的条款散布在相关的法律、法规和行政规章与规范性文件之中。尽管这些分散的法律条款或政策要求的目的一致，但因不在同一部法律或法规之中，或制定时间相隔不一，针对性与实用性较弱，总体缺乏系统性。特别是农业领域和环境领域的法律条款之间，有的缺乏连贯性，有的缺乏承接性，还有的无法进一步细化延伸到具体政策的可行性。由于系统性的法治环境还未成熟，法律或政策中还鲜有对预防面源的行为或措施给予实质性激励的条款或要求。

广义地看，国家和地方建立的一些针对面源污染治理工程的财政性补贴也可以算作一种激励性政策，但大多数补贴政策都必须对应工程性项目投入的要求，限制了政策发挥引导人们改变耕种行为的激励作用，只能算是一种狭义的激励政策。

（2）以罚为主的思路需要升级

目前对面源问题的分析还停留在问题发现、预防治理等客观技术层面，大多主观分析把问题发生的原因简单归纳为利益意识或观念局限性范畴，没有透过问题背后的社会、经济以及劳动力因素等的实质进行深入系统性分析。主观因素的归因表面化和不准确，导致相应环境管制立法或政策制定思路的浅表化或简单化，除了制定一些无法实现的引导性要求外，总是设想规定一些能够赋予管制部门权威的强制性法制条款，希望通过赋予行政威慑力来限制或引导农业生产的要素使用过程。以罚为主的法制思路很难跳出单纯依靠管制的思维模式，研究或设想能否通过激励政策达到相同的管制目标。而且在难以实现精准化监控的农业生产过程中实现以罚为主的管制目标，因与现代法治意识的基本要求难以契合，实践中也很难实现。

事实上，现代激励方式可以以较为简单的市场或契约模式，把法治和政策要求引导的行为与可以预测的未来希望结果联系起来作为激励目标，按照目标给予经济奖励，这种经济奖励的来源可看成是对达到希望结果之后所节约的社会治理成本的一小部分。

（3）激励政策需要一定基础

从经济角度分析，若一项政策的施行主要依靠执法，但执法难度和成本太大且大于政策实施后所获效益时，可以转变政策施行方式，将执法成本转换为激励政策的奖励目标。从现实角度看面源污染治理，的确存在监管和激励两难的问题。监管是因农业生产过程本身不直接产生污染或程度轻微；而激励难则可能是衡量或界定生产行为带来的问题、解决问题需要的成本，以及确定影响激励范围边界等问题。然而，把引导政策转变为引导加激励政策，显然可以加大政策的实施效果。而相比监管或财政补贴方式，激励政策的实施难度会小很多。可以考虑把区域化肥使用总量和面源达标指标作为激励的目标，而激励成本只需要计算出相应区域集中面源处理的运行成本后就可以确定。当然，依靠激励方式需要相应的测量核算方法和一定时期的经验数据基础。

六、优化三峡库区农业面源污染治理的政策建议

（一）三峡库区农业面源污染治理成效综合回顾

1. 农业面源污染治理的总体成效

（1）长江水质趋势向好但农业面源污染影响仍然存在

三峡水库蓄水后，随着库区城市加大点源治理强度并提高污水处理工程设施处理出水标准等措施的实施，2015 年以后，三峡库区长江干流水质环境主要指标从水环境标准年均 III 类达到年均 II 类，正常天气情况下有机物几乎没有超标，但严重降雨水量突然增大时会出现磷、氮临界或短暂超标。随着对城市生活污水处理厂全面改造提高到一级 A 标准，国家和地方面源污染治理政策实施，在农村增加了 882 座集中污水处理厂，开展了农业面源污染治理试点或部分分区域工程。从三峡库区长江重庆流域的水环境质量指标反映的情况看，农业生产特别是养殖过程中的类似面源的微点源基本得到治理。2020 年底，长江干流重庆段水质年均保持为优，三峡库区长江支流重庆区域内 42 个国考断面水质优良比例首次达到 100%，优于国家考核目标 4.8 个百分点，较 2015 年上升 14.3 个百分点。此外，重庆长江支流 105 个省级考断面水质达标比例、消除长江支流劣 V 类水质断面比例、城市集中式饮用水水源地水质达标比例均达到 100%，乡镇集中式饮用水水源水质达标率 95.5%。

但库区一些支流还无法全时段达到 III 类水环境标准，出现极端水文条件时，几条支流江河水受长江干流江水顶托作用无法及时扩散，在汇入长江干流口时上游的水环境富营养化现象会出现，季节性的水华现象还没有彻底消除。原因还是流域面源对这些支流的影响较大，特别是存在类似微点源的面源。2020 年，中国工程科技发展战略重庆研究院对三峡库区长江干流近期的饮用水源污染防治与高品质饮用水安全保障战略研究课题数据，反映可能存在氮磷有小概率超标现象，而且水样本中抗生素、微塑料被检出。也证明了面源问题无法彻底消除。

（2）支流水质总体达标但部分流域质量波动较大

随着对流域情况的掌握，可以从三峡库区环境水质指标中的异常指标因子含量的数据中，根据其他指标数据的相对稳定程度、所处季节、天气状况、与以往数据对比以及区域内环境管理的情况，大致判断影响水质量因素的主要污染因子的来源情况。如水域断面中的指标基本正常，但出现主要以化学需要量指标衡量的有机物含量升高、接近临界或超标时，可能反映污染源更多来自上游城镇或工业点源处置出现的问题，或季节性大量有机物进入水体；若断面磷、氮含量较高或出现超标时，若能排除矿物性或生活性磷情况外，更多可能反映农业养殖粪污、种植化肥的偶发或季节性强度突然增大产生的面源影响。

三峡库区长江支流流域大部分属于农业种植、养殖区。在农业种植养殖规模较大的地区，支流或次级支流区域的地表水水质按年均考核虽然达标，但还不能在每年任一时段任一时刻完全达到标准，特别是在强降雨后或枯水季节。还有个别支流，途经工业园区和农业种养区域，过去水质长期处于劣质水平，经过流域地区组织大规模治理，特别是把工业园区污水处理提高排放标准达标后，仍然很难彻底达标，水质波动较大经常处于质量临界边缘或出现超标，尤其反映面源的因子总磷、总氮等超标，很难巩固。特别是不会受城镇和工业园区影响的乡镇，集中式饮用水水源的水质还有 4.5% 不达标，说明农业面源污染的所谓工程治理效果可能更多依靠施肥季波动自然下降的效果，而并不主要是人为的效果。

（3）化肥施用总量下降但下降强度不同对支流影响很大

总的来看，重庆市农用化肥施用量统计量从 2015 年 97.73 万吨下降到 2019 年 89.8 万吨，下降率 6.78%，年均下降 1.3% 左右。鉴于重庆市化肥减量工作进入全国前 5 的水平，理论上化肥利用率从 2015 年 34.5% 理应可以上升到全国 40.2% 平均水平，考虑三峡库区山地农业的特点，化肥利用率仍会低于 40%，2020 年，最多减少了 9 万吨化肥进入长江流域水体。再考虑少用了化肥，就意味着增加了养殖有机物的利用，同样可减少 200

万吨左右养殖粪污进入水体（1吨养殖粪污最多相当于50kg化肥）。

但具体看，除去重庆市个别不在长江水域的流域，加上湖北进入三峡库区的流域，市县三峡库区水域仍然有至少55万吨化肥、2000万吨养殖粪便进入水体的基数，并且分布在集雨面积、种植强度不同的流域。显然，一是在农业种植面积总量或强度大的流域，对支流水质影响就大，反之就小；二是在集雨面积小但降雨量大的流域，对支流水质影响就大，反之就小。2020年较2015年重庆市区域内42个国考断面水质优良比例上升14.3个百分点，首次达到100%。除去点源治理的效果，降低化肥使用量和提高有机物利用率应该是有很大作用的。

2. 农业面源污染治理实施的具体效果

（1）治理和化肥减量使面源恶化趋势减缓

按照农业农村部发布的信息，2019年全国化肥农药使用量持续减少，三大粮食作物化肥农药利用率分别达到40.2%和40.6%；农业废弃物资源化利用水平稳步提升，畜禽粪污综合利用率达到75%，秸秆综合利用率、农膜回收率分别达到86.7%、80%。全国地表水优良水质断面比例提高到83.4%，同比上升8.5个百分点，劣V类水体比例下降到0.6%，同比下降2.8个百分点。三峡库区重庆区域的效果更好。总体说明以化肥减量为主的宏观政策开始显现效果，考虑到一是水体质量好转的效果很大部分还是取决于点源的治理；二是目前考核标准采用的年均方法相对宽松，水质波动还很频繁。

参照发达国家化肥利用率也就50%以上的实践数据，除了以色列广泛采用的滴灌技术利用率很高之外，土地耕种施用化肥利用率提高毕竟有限，只有10%左右的空间。我国化肥施用总量在过去40多年时间内增长6倍，大大超过环境承载能力。2000年三峡水库还未形成，那时城市污水处理还在简单处理阶段，县级及以下区域还没有污水处理厂和垃圾卫生处理设施，影响长江干流水质问题主要是城市污水、垃圾渗沥液和那些未处理达标的工业废水，支流主要受城镇生活污水、垃圾和工业废水的影响。根据过去30年全国化肥施用增长速度推算，2000年左右三峡库区重庆区域的农业种植养殖规模不到现在的一半，化肥施用总量不超过 35 万吨，养殖粪污总量也大约在 3000 万吨左右（目前总量大约 7000 万吨），当时利用率普遍高于目前 75% 的水平。就按目前化肥 40% 利用率和当时的畜禽粪污综合 75% 利用率估算，年排入水体的化肥总量 21 万吨、粪污 750 万吨，不到目前年排入长江流域 55 万吨化肥、2000 万吨养殖粪污的一半。综合以上数据，笔者认为要使农业面源污染的影响减到环境可以承载的水平，在目前点源治理充分到位后，主要就是要把化肥施用未利用排入水体总量降至 21 万 ~ 55 万吨中间的某个水平，也就是说必须有"双降双半"。即三峡库区重庆的化肥施用总量从目前 90 万吨水平降至 45 万吨以下，养殖粪污总量从目前 7000 万吨水平降低至 3500 万吨以下。当然养殖粪污可以通过规模化集中处置提高利用率，但即使达到百分百利用仍然与化肥一样不可能完全被土地利用，进入土地哪怕只有 10% 的部分随着降雨形成的径流进入水体，也有 700 万吨总量的污染物。因此，从一定意义上讲，化肥减量等政策效果还刚刚显现。另外，地表水环境水质监测中均未检出与农药有关的因子，说明我国农药安全性保障和减量都有很好效果。

（2）减量化是解决面源污染的主要途径

随着三峡库区所有城市建成区、城镇包括人口较为集中的居民点、工业园区都建设完成了生活污水和工业废水处理设施建设，除了少数生活污水或工业园区废水处理厂因处理规模扩大需要扩容或升级改造，以及一些污水收集管网因山地建设困难难以做到实际全覆盖外，总体上，城市、乡镇和工业园区的点源处置设施已经做到了全覆盖和全年运行。除城市降雨初雨水形成面源来不及处理和个别有意无意的漏排甚至偷排污水源外，理论上，长江流域的水污染"点源"都已经被全部治理，可能也存在治理的水质没有完全达到设计的要求，或发生设施事故直排，但已经不可能形成对长江流域水质的规模性影响。显然，农业面源污染就成为影响水环境的主要因素了。

三峡库区的农业面源污染问题，自然就是农业生产过程中化肥、农药、地膜等化学品使用过量，以及畜禽养殖粪便、水产养殖排出物、农作物秸秆等处置利用不及时或不当，所产生的氮、磷、有机质等没有完全被作物吸收的营养物质，在降雨和地形的共同驱动下，以地表、地下径流和土壤侵蚀为载体，在土壤中过量累积或进入受纳水体，对水环境造成的污染。特别是随着化肥等成本降低、劳动力成本的上升，用大量投入化肥等替代养殖和农业本身可利用的有机肥成为近30年来农业发展最大的趋势。大量使用的化肥虽然促进了作物产量的快速增长，但无法全部利用的化肥不仅使土壤受到板结等破坏，而且与被替代并不断增长的养殖有机肥一道最后全部进入了水环境，代替了过去工业废水和城市生活污水，成为环境水体的主要污染物。过去对此的认识是人需要粮食蔬菜和肉类，农业种养业为满足要求，需要付出一定的环境代价是应该且正常的。但随着对土壤活力减弱长达20多年客观感受的积累，农业和环境部门推动化肥农药等减量以及加大利用农业有机物等政策的实施和宣传，无论农业部门还是农民对面源问题的认识的确开始有所转变。

（3）通过微点源污染治理面源污染还刚起步

实际上，治理农业生产过程的污染，目前能够立竿见影的治理是养殖产生的粪污种养不匹配形成的面源问题。从宏观看，分散的非规模化养殖形成的没有利用的畜禽粪便污染是一种面源。但从微观放大看，则可以更多地看作是一种"点源"，即规模较小的微点源。从本书案例中三峡库区重庆几个典型治理的情况看，发现和解决的问题都多达千量级，大部分解决后水质好转，说明都应是可以采取一定措施解决的微点源。

由于水域环境标准是按水域功能划分确定等级的，从环境标准分级看，目前的水质达标要求还只是能够让水环境恢复到自然可以忍受的状态，即达到水域功能的基本要求。三峡库区是我国植被覆盖、水涵养效果最好的地区之一，流域水质自然状态都应在Ⅱ级以上，但实际考核只达Ⅲ类水质断面的水域比例还有29.7%。说明来源于面源污染的有机物还没有完全进入治理的状态，治理政策还没有真正进入深水区。

（4）农业面源污染造成流域水质周期性反复还未根本解决

2020年是中央水污染防治行动计划（水十条）的目标考核年，要求长江、黄河、珠江、松花江、淮河、海河、辽河等七大重点流域水质优良（达到或优于Ⅲ类）比例总体达到 70%。这些流域所在地区过去 5 年一直对涉及影响流域水质的污染因素进行了有组织、有投入、大规模的工程和非工程的治理。因此，2020 年的流域断面水质考核达标应该是没问题的。若影响流域水质的主要因素全部是由于点源，流域水质达标后的持续保持也应该没有大的困难。但是，若主要因素是来自面源，特别是看似面源的养殖微点源，流域水质今后就可能出现反弹。这是农业面源污染的特点所决定的。

农业面源污染的分散性特点会在大规模治理行动结束后反复出现。如养殖产生的微点源因分散、多样、位置难以识别和确定，很难开展监测而重新出现。滞后性缓慢累积释放污染的特点，会因环境水质前期已达标而更加滞后，进而进一步掩盖全面的分散性。双重性特点会使形成滞后特点面源的农业养殖行为有了合法性的掩护，"做的时候是为了利用，没有利用是因为没有劳力"使得一切预防都更加困难。所谓"真正出了问题好办，而知道会出但现在不会出问题"则是农业面源污染治理、化肥减量行动的真正难题。

3. 农业面源污染治理实施效果的主要影响因素

（1）农业生产方式演变的客观规律

在以土地为基础的种植农业方式条件下，种植效率或轻度的提高必然伴随着土壤环境质量的下降。三峡库区农业的比重仍然很大，2020 年占 7.2% 的地区经济总量，而且种植业（3.9%）一直保持着增长。考虑到只有价值高的经济作物采用了化肥效率很高的室内滴灌栽培方式外，大众性作物品种栽培仍然没有经济价值性的突破提升，目前种植业增长仍然以提高种植效率或种植强度为途径，加大肥力、增加复种频次仍是普遍的选择。目前重庆市发布的化肥强度数据虽然比中国工程院调查的 2007 年强度（67 千克/亩）普遍下降了 10%～20% 以上，但仍然是全球平均水平的 4～7 倍左右。化肥污染的等标污染负荷平均比仍旧保持 20% 以上。因此，要在保持农业种植规模稳定甚至增长的前提下，希望继续采用传统农业生产方式同时降低化肥施用量，可能是不切合实际的。解决土地能力下降与提高种植能力努力之间的矛盾，仍是解决农业面源污染问题的一道难题。

（2）农业产业升级的历史趋势

目前，农村产业升级仍然伴随着有机肥利用的降低。由于农业升级依靠发展经济种植和规模养殖业。经济性作物种植不仅对栽培技术、土壤肥力的调配要求相对较高，对劳动力的需求也很大。但三峡库区的山地条件无法规模化依靠农业机械替代人力，使用有机肥调配就比使用化肥需要更多的劳力，这就与城镇化趋势加快相矛盾。规模养殖的效率依靠规模化的集中，但因畜禽疫病和农村经济均衡仍然相对分散，前面案例显示三峡库区近80%的散户只提供了20%的养殖规模，产出的大量有机肥尽管相对集中，但山地地形造成的远距离运输困难，最多就地降污处置，很难规模化利用。因此，目前条件下的农业升级不像工业升级自动增加资源的利用效率相应降低污染排放，但三峡库区现实的农业升级却可能进一步增加面源的产出强度，给面源污染治理带来更大的挑战。

（3）克服农产品环境外部性的难度

要解决农产品市场导向与环境外部性的矛盾需要更大的智慧。对城市而言，除粮食外，农村更多的是就近为城市生产和提供蔬菜和畜禽产品。但目前全国范围的中远程运输已经变得非常便捷，以蔬菜畜禽基地形式服务城市的周边农村，其地域半径优势逐渐被国内统一市场的规模和价格优势所替代，就是蔬菜和畜禽的市场竞争也从较小地域扩展到非常大的区域。城市注重保持居民生活价格稳定政策和市场竞争的结果，迫使自然禀赋较差地区的种植和养殖要么退出城市市场，要么采用环境外部性很差的生产方式来保持竞争。随着电商、快递等信息和运送便捷方式的普及，一方面使过去藏在深山不被人识的特色农产品迅速走进千家万户；另一方面加大市场透明又使得大众农产品竞争更加激烈，使得农产品价格更低，更难以覆盖解决环境外部性的成本。例如农村种养殖的地区差异，消费者因市场竞争可以获得更为便宜产品而不需付出环境成本费用，越是条件落后地区的种养殖户，越是希望把环境治理成本外部化，形成市场竞争优势，而且政府也越难让其退出市场。如 2019 年左右开始的生猪疫情引起的猪肉供应不足问题，尽管原因与环境管制因素无关，但强大的舆论硬是让中央政府出台政策网开一面，降低养殖的环境准入和一些名义管理要求。因此，如果没有建立起弥补这种市场或非市场"缺陷"的机制，要解决农业种养殖环境外部性的问题还会非常艰难。

（4）采用工程方式解决面源问题的难度

三峡库区地形地貌非常复杂，地处大巴山断褶带、川东褶皱带和川湘黔隆起褶皱带三大构造单元的交会处，地貌以山地、丘陵为主，地形高低悬殊，起伏较大。加上长江流域的水系非常发达，土地大都被山、水分割得十分零碎。全境地处中纬度亚热带，属湿润亚热带季风气候，全年降雨量在 1000mm 以上，但季节分布不均，流域水量骤小骤大，自然的水土流失很严重。在这种自然条件下，建设具有经济性规模的环境基础设施不太现实。何况在很多山区建设规模很小的基础设施，即使不从经济成本考虑，工程建设也难以实现。如重庆农村有 8968 个行政村，平均每村面积 8km²、人口 0.17 万、400 个家庭。按全市 1031 个乡级区域集中，平均规模也不到 2 万人。三峡库区除部分浅丘地区外都是山区，中央和地方花了巨大投入才解决了饮用水和村村通路。如果统一按"源头减量－循环利用－过程拦截－末端治理"方式，集中到行政村实施，平均 8km² 山地面积需要的规模显然也是无法实现。除了少数平坝地区，就是花大价钱修好，按现有的经济技术条件也难以支撑起简单运行的成本，经济无法考虑可持续。

4. 影响农业面源污染政策实施的主观因素

（1）社会对农业面源污染危害认识不够

面源分散、随机、不易监测，其滞后和两面性特点不像点源问题那么具象，社会包括政府部门不容易形成自觉或紧迫的意识，行政部门推进政策有时只是为推进而推进，加上的确难以追溯责任主体，力度与相关要求存在差距。尽管社会普遍更愿意购买号称不使用化肥农药的农业产品，但对农作物耕种具体方式并不了解，对存在的环境污染问题更不清楚，形成不了类似其他环境保护问题那样的社会氛围。

（2）农民和农业企业漠视环境危害意识

农业从业者虽然没有全面了解面源问题，但也知道一些化肥农药过度使用存在的问题，包括化肥使土地板结、农药危害健康等情况，而且自家吃的蔬菜都不施用化肥农药。但长期以来农产品总体价格低廉的现实，早就形成以降低任何成本而漠视其他问题的固定思维。在化肥、农药成本相对较高时，自然不愿意多使用。但随着农业劳动力减少或成本提高、化肥成本等相对下降后，当然选择简单便捷、劳动强度不大的方式，如通过施加农药、化肥来提升农作物产量。这是由农业小生产方式的固有意识所决定的。

（3）政策协调性的顶层设计缺乏精准性

农业面源污染治理需要多部门参与联合推动，应该有较为精确的顶层设计。但实际上，出台政策目标前的研究不够充分，对达成目标的复杂性和难度缺乏客观而深入的认识，难以形成顶层的精准设计。如希望用市场性资金解决非市场性难题，超越客观实际的目标等政策设计比比皆是。最后，导致形成部门之间只有总体目标的大致协调，缺乏有效的日常工作沟通，难以形成部门政策合力。另外，虽然相继制定了法规和行政制度，形成了基本的环保法律框架，但各地还缺乏可实际操作符合当地实际的引导性技术标准和规范。在设计、施工、监管方面缺乏合理的标准。如部分修建的生态截污沟渠坡度过陡，导致地表径流的水力停留时间过短，难以达到有效的污染物削减目标。很多建成的示范工程和示范措施也无法形成规范的模式，难以推广。

（二）进一步优化农业面源污染治理政策的思考

1.要把面源污染治理政策与农业发展趋势结合起来

（1）充分考虑农业发展的趋势

从世界各发达经济体发展进程的历史看，产业结构的比重从一次产业逐步向二次、三次产业转移和集中，目前工业化国家中发达农业的结构比重一般在 3% 左右。2020 年，我国三次产业结构比例为 7.7：37.8：54.5，农业产出份额也比 2010 年降了 3 个百分点，从业劳动力人均增加值近 25000 元，农业人口人均 GDP1.5 万元左右，与全国人均 GDP7.2 万左右差距很大。三峡库区重庆市的农业人口占常住人口的比例从 2010 年 50% 以上降到 30.54%，绝对数下降 370 多万。三峡库区湖北省的几个县市估计情况大致相同。

事实上，中国农业增加值过去 10 年间大约 3% 的年增长率，更多的是农业结构和品质变化的结果，而不是实际产出实物量增加的结果。换句话说就是农业生产的实物量基本总量大体是不变的。那么，农业人口人均生产总值从 0.4 万增加到 1.5 万的最主要原因，就应该是农村人口比例下降 15% 的因素。显然，是农业机械和化肥代替了减少的农村劳动力。而三峡库区农业人口减少 20% 大于全国下降 15% 的平均水平，而农业机械在山区的劳动力替代率显然是低于全国平均水平的，因此宏观地分析，要么是农业产品结构由低附加值转向了高附加值，如种植变为养殖；要么就是依靠增加化肥来替代了多减少的那部分劳动力。未来，农业人口比重会继续下降，产业增加值会继续增长，但如果没有更多的农业机械或化肥去替代减少的劳动力，农业生产总量就会下降，人均值的增加仍然达到其他产业的平均值。

以上数据分析表明，假定三峡库区农业总量继续保持稳定，那么就需要增加更多适合山地的农业机械去替代农业劳动力的减少，否则化肥就会继续增加；而且用养殖粪肥替代化肥，也同样需要增加劳动力，若无法解决山地微距运输机械，所谓提高有机物利用率实际就是空想。因此，三峡库区解决面源问题的政策就应该考虑相比起其他地区，如何使农村更有效提高农业机械化率的方法和途径，而不是单纯地号召或鼓励化肥减量和投入污染治理。

（2）生产方式科学化的实现条件是农业规模化

理论上，传统农业生产组织方式是与传统农业结构和作物畜禽种养方式相适应的。随着现代农业科技、农业机械特别是农业信息化的高速发展，近 10 多年来农业产品结构和种养方式迅速地变化，以适应市场的要求。相比之下，农业生产作业方式的变化总体上慢于前者的发展要求，但地理条件适合的农业区也已迅速跟上。如在适合大机械化作业的农业区，很多过去只能依靠家庭单一劳动力的作业已经被商业化专业户或组织所替代，包括机械化实施大规模播种施肥一体化、追肥、收获，飞机、无人机播撒农药和微生物肥。在这种作业条件下，耕种和化肥农药等的科学化作用和施用都可以通过规范进行指导，而且可以被操作者所控制。

比起平原农业区，三峡库区农业的规模化作业条件相对就困难得多，但像无人机播种和撒药技术的快速兴起应该给了我们新的启示。随着这些年农村道路等基础设施的完善，交通条件彻底改善后，治理面源的政策是否应该考虑如何激发商业规模化作业专业户或机构的发展，包括适合山地技术的研发和推广以及解决一些机械进入田间地头最后 1 米的问题。

（3）市场机制下的利益激励是最有效治理措施

前面分析面源问题的一个重要原因是缺乏劳动力的问题，只要创造了适合规模化作业的基础设施和市场条件，规模化作业就会兴起，从而解决劳动力替代问题。关键的是，只有商业化规模作业专业户，才可以最大限度地依靠市场机制解决化肥农药使用规范化和减量化的问题。试想，一旦依靠市场化专业户，哪个农户愿意再像现在依靠多用化肥替代劳力；只要社会存在某种形式的规范监督，哪个专业户又愿意主动多施肥，哪个农户不愿意尽量把粪肥都用光。在这种商业关系中，任何化肥农药、有机肥等农业生产要素都会被各方精打细算。比起引导、宣传或其他激励，这种方式更加有效。

2. 把治理政策与农业发展的历史趋势结合起来

（1）跳出传统农业生产方式看农业技术发展

随着数字化、信息化和人工智能等控制技术的快速发展和运用的普及，农业生产技术开始进入了一个新的发展阶段。由于卫星定位、5G 通信、AI 技术的便捷和实用化，像本来就可以利用机械大规模种植的东北产粮区，北大荒集团就已经实现粮食种植过程的规模化、自动化、智能化。可以做到每块地都有专门的测土配方，并实现机械自动一次性播种施肥，农业现代化已经有了具体的样板。当然，不是每一个地方都有这种条件，但是考虑当地自然条件，把其中一些适宜技术运用起来，也是可以使面源的源头拦截事半功倍的。如山地面源发生的一个主要原因就是旱地施肥后，不一定有及时的雨水，而一场晚来的大雨又把本该留在地里的肥料冲刷变成径流中的有机源，实施径流拦截既困难代价又很大。要在旱地实施面源"源头减量"，除有条件依靠农业机械精准施撒外，即使在没有条件依靠农机的地方，只要人工施肥后及时按配方施肥方案精准地控时、控水量进行喷灌，不像现在简单的"大水漫灌"，就会让肥料发挥更好的效果，而不会等到被无规律的雨水冲刷流失。因此，在三峡库区的山地农田上，安装目前可以做到精准控制的喷灌设施，投资很小、节约人力，可能就是一种成本比较低廉和实用的源头减量的先进技术方式。如何鼓励这类方法是政策优化的重要内容。

（2）依靠和引导新一代有文化的新农民

我国农村普及义务教育已经 20 年，目前进入农业领域的劳动者已经全部都是受过基础教育的一代人。随着网络经济的兴起，很多受过高等教育并在城市工作过的青年返回农村从事农业。和上几代文化普遍偏低、几乎没有受过高等教育的农业劳动者相比，新一代农业劳动者对现代农业知识、新兴信息技术有更高的渴望和学习能力，也具有更基本和清晰的环境保护理念，同时更容易接受现代农业种养方法，更愿意使用农业机械替代纯粹的体力，更愿意按照配方施肥。在山区，尽管难以实现规模化农业耕种方式，但用机械来替代或减少体力的负担是人天然的愿望，好用、实用、耐用和价廉的农机是会广受欢迎的。目前中国的制造技术已经能够满足这种要求，只是市场需要培养。因此，首先制定资助购买或租赁各种农业机械、灌溉设备的财政补贴或贴息政策，可以极大地营造需求端市场；制定相应的制造、销售这些设备的退税、奖励政策，可以推动供给侧改革。综合效果既能弥补劳动力减少、减轻劳动力的负担，又能够真正起到源头减量的作用。

（3）加快运用有利于环境的农业生物技术

半个世纪以来，生物科技的突破对农业发展有了极大的促进作用。一大类是通过各种生物选择或基因改变方式选种、育种、嫁接等技术培育出改良后的品种，既直接使作物产量增长或改良品种特性，也能改变作物特性，让常见作物病毒、细菌、昆虫等不再影响，实现预防病虫害和作物产量增长。如种植转基因技术培育出来的抗病虫作物品种就基本不使用或减少施用农药，能够直接避免面源的产生。另一大类就是生物防治技术，即以虫治虫或以虫防虫方式。这种方式只是通过释放经过改变的昆虫或生物去防虫防病，也不再需要施用农药。事实上，这些年生物技术发展始终伴随着某些具体运用，被很多不了解此类技术的人所误解或归罪于阴谋论，被一些别有用心的所谓人士妖魔化，甚至被诋毁作为营销另一类品种产品的最好方式。有关部门应该理直气壮地宣传这些环境友好的技术知识，让这些既有利于农业发展、又有利于环境的技术得到普遍运用，才能更好地促进农业技术进步，从而达到事半功倍的效果。

用政策鼓励加快发展或使用，看起来似乎与面源防治无关，但实际上却都既能够达到作物防虫防病害的作用，又能起到面源防治作用。制定这样的政策可能更易于实行，也似乎更有源头减量的效力。

3. 努力让治理政策与当地实际条件相结合

（1）真正让"因地制宜"成为支持三峡库区的政策

我国是一个人口众多、幅员辽阔但自然条件差别极大的国家。其他国家若有类似三峡库区核心周围山区那样地理条件的区域，也基本不会有大规模人口居住和大规模农业存在。事实上，这也正是所有现代化国家农业基本没有山地农业发展经验可借鉴，也没有适合复杂山地作业的农业机械可引进的主要原因。国家在制定全国面源防治政策目标时提出了分区分类实施"源头减量－循环利用－过程拦截－末端治理"措施，从政策制定角度已经充分考虑了分区分类因素。因此，像三峡库区农业用地几乎全是小块、零碎、分散和高差大特点的坡耕地，基本上，就难以实施其他地区较为重要的"过程拦截、末端治理"的面源污染治理措施，只能因地制宜地在"源头减量、循环利用"措施上做文章。政策优化更多的是考虑如何"因地"如何"制宜"等问题。如源头减量、循环利用一般不需要直接资金支持，三峡库区几乎就很难得到国家支持。因此在三峡库区，就可以考虑争取把国家在其他地方用于支持过程拦截、末端治理项目的资金政策，转向用于支持间接实现"源头减量、循环利用"的项目及按现行政策无法支持的包括支持适合山地作业的农业机械技术研发、山区农户购买农业机械、高效率灌溉机具以及解决机械入田的最后 1 米所需的基础设施项目。

（2）需要制定适合本地的智力引导或支持政策

众所周知，我国采取的精准扶贫政策和措施取得了成功，其中一个重要的经验就是派驻扶贫工作组，帮助、指导、辅助贫困村、贫困户解决思路、做法方面的非资金问题。其实，做好面源污染治理措施中的源头减量、循环利用方法同样也需要很多智力支持。目前，这类工作理论上可以发挥当地农业部门的农业技术推广部门力量，但真实的情况是这种力量是非常有限的，缺乏相应的人员深入田间地头指导解决实际问题。实际上，解决这些实际问题有时可能比投资项目效果更好。要充分学习借鉴中国扶贫经验，改变单纯依靠投资项目的方法，并参照扶贫组织方式，研究考虑由政府购买服务的方式组织社会力量指导组，分区分类下乡或网络指导的相应政策，把现场或网络指导列入间接减量的内容，可以更好地结合当地实际，实现智力减量。

（3）研究逐渐向规模化大农业过渡结合的政策

从长远看，城镇化趋势是势不可挡的。除少量特色农业产品生产外，普遍小规模农业生产方式最多只能满足农村人口维持正常的温饱，不可能依靠自身条件积累建设更为便利的生活和环境基础设施，甚至连已经建好设施的简单维持费用也提供不了。显然，纯粹依靠以一次产业为主体的农村社区自己解决生活产生的环境问题，即寄希望通过国家或社会投资建设一系列规模化的环境基础设施来避免污染或消纳废弃物，是很不现实的，即使做到一部分也是不可持续的。中央提出乡村振兴计划，并不是完全通过城市反哺、简单把农村向城市生活水平靠齐，而是希望通过城镇化加快农业现代化的进程。只有实现农业现代化，才有可能从根本上解决农村传统生产方式与生产条件矛盾带来的面源问题。农业现代化有这么几种含义：一是农业耕作方式的机械化，替代因劳动力减少而需要的劳动；二是养殖方式的规模化，通过科学方法进行规模化治理污染；三是农村生活人口的集中化，一是向城镇集中，二是向适宜建设规模化设施的居住地集中。

随着城镇化趋势的加快，三峡库区分散的土地可以通过适当方式集中，从而有利于实现规模化科学化耕种。散、乱、污的"微点源"式养殖可以减少面源。耕作规模化现代化不仅意味着收获的增长，也意味着化肥农药减量增效与劳动力减少脱钩并实现与环境的友好；规模化才有可能使畜禽粪便利用有经济价值。促进与这种进程结合的政策自然也可算作面源污染治理政策的重要组成部分。

（三）优化三峡库区农业面源污染治理的政策建议

1. 制定有效提高农业机械化程度的优化政策

（1）适应农村劳动力减少和降低劳动强度

从人口变动视角分析得出的三峡库区劳动力快速下降趋势，以及山地劳动力需求的基本特点，得出了没有农业机械化替代减少的劳动力和减轻农业劳动者的劳动强度，要真正实现化肥减量是非常困难的。因此，在山地农业区域，除非彻底放弃农业种植或养殖，依靠大规模提高农业机械化率，是农业农村稳定可持续发展前提下，解决面源污染治理的重要途径，任何抛开劳动力替代与农民增收两个保障，简单谈论面源污染治理问题可能没有实际的意义。

（2）出台鼓励农业机械化发展的激励政策

我国在20世纪70年代就提出到本世纪初实现农业现代化的战略目标。但客观地说，我国农业在20世纪80年代以后得到迅猛发展，其最主要的因素是来自农村劳动人口本身生产力的解放，当然也离不开工业提供了充足的化肥农药和像袁隆平发明高产良种那样的科技贡献。不过，解决农业劳动强度和替代劳动力所需农业机械化的进展相对缓慢。原因包括技术和经济方面的，但制约因素更多可能来自经济范畴，首先是农业机械制造成本相对于农业产出或劳动力成本高很多，也就是农村收入难以支撑农业机械市场的发展；其次是农业机械需要农村建立起相对完善的基础设施，像农村道路、电力网络的完善都是最近10年才完成的；再次还有劳动力本身具有的科技文化知识。随着进入本世纪后我国狠抓农村教育、电力道路水利设施建设和扶贫脱困，包括在三峡库区这样的大山区、大农村，这些问题现已基本得到解决。

（3）加大政府对农业专业化第三方服务的支持力度

目前，农业机械发展到了一个新的历史时期。和市场广阔的消费品市场相比，农业机械市场是一个带有准公益性质的不完全市场，因此，研发制造适宜山地特色、小规模、低成本的农业机械的市场相对较小，目前仍处于起步阶段。农业机械化市场与新能源汽车市场发展历程类似，如连续数年按新能源车辆制造数量给制造厂补贴，给消费者购买新能源车辆进行购置税减免等，在农业机械市场起步阶段，需要政府制定引导政策，如制定购买补贴政策促进农村农业机械市场的培育和发展。从供给侧来说，在三峡库区等山地农业地区提高农业机械化使用率，可借鉴学习新能源汽车市场培育方式，一是将符合条件的耕种与施肥机械、田间运输机械、精准灌溉机具、畜禽养殖废弃物资源化利用装备等纳入农机购置补贴范围；二是对农业机械制造实行按应税比例进行补贴。考虑农机推广有一个起步过程，也应对专业销售商初期销售进行鼓励减免或优惠相应税费。另外，农机修理服务相对狭窄、山区服务相对困难，也可适当对这类技术专业服务的劳务收入给予收入所得税优惠，以促进整个市场的发展。

2. 制定激发农业服务专业户或机构发展的优化政策

（1）专业化农业服务是构建农机普及的基础

在我国适合大型农业机械作业的粮食产区，第三方服务已经广泛兴起。农业农村部在 2018 年发布信息披露，全国农机专业户已超过 500 万，农机合作社等作业服务组织有 20 万个左右，每年的作业服务面积累计超过 40 亿亩，已经成为农业发展非常重要的支撑。这种第三方服务既为广大小农户解决了耕种时段短、劳动强度大的难题，实际上也促使先进适用的化肥减量和面源污染治理技术得到更好的应用和推广。随着农业机械化水平的提高，一些分散、小众和高技能的农业服务需求也转向专业服务户，农业三方服务市场也会应运而生。如田地的测土配方、农忙时的小型物质运输、无人机播种和施肥施药、临时小型沟渠开挖、灌溉器具的布置以及农机应急维修等，都可以通过第三方市场服务解决。对于农业种养殖劳动者来说，随着市场形成一定规模，服务才能实现相对便捷、高效和低成本。

（2）需要培育专业化农业服务市场

在三峡库区这类山地农业区，受目前自然条件和农机普及的限制，三方服务市场和农机市场一样，还非常弱小。目前农业部门的农业技术推广服务机构只能是非市场化条件下政府提供引导、示范、宣传的一种很小的力量，无法解决农业机械化规模增加后，对服务增大的需求。由于山区地域交通耗时较多，市场化服务机构全部依靠随时提供上门服务的方式也不现实，结合当前成熟的网络服务已经能够提供上门与网络结合的平台服务，而且起步阶段服务供需双方的信任度、服务能力可能需要有公信力的机构推荐或认可，政府可以通过建立或指定公益性网络平台，借鉴类似管理网约车平台、网络教育平台的方式解决信息不对称等问题，同时指定服务人员能力认证、投诉机构，并确定供需双方必须见面和付费争议保障和裁决机制，从起步阶段就开始引导、规范服务机构或专业户的市场行为，逐渐形成区域性专业服务市场。

3. 制定支持农业生产技术研发应用的优化政策

（1）引导人工智能与农业机械结合技术的研发

我国是一个农业大国，同时也是一个山地农业大国。三峡库区及类似地区的山地农业规模超过世界很多人口大国。由于山地耕作的多样、复杂和规模问题，先进适宜的农业机械发展较慢，特别是可以学习借鉴的国际产品也很少或很复杂，加上专门研发机构不多，依靠市场自主开发这类机械比较困难。现在，人工智能技术的发展从技术层面提供了很多多样性、复杂性和规模适应性的解决途径，但缺少把智能技术与山地农业机械结合的公益研发能力和机制，需要制定专门的科技研发引导政策，激发科研机构、市场制造企业的研发兴趣。农业主管部门有专门的农机推广政策，但对这类分属不同科研、制造行业的问题，某个主管部门几乎无能为力，需要国家层面有一个顶层设计和协调机制。

（2）引导跨学科跨领域研发化肥高效利用及其配套技术

长期而言，技术进步和制度创新才是解决面源问题的根本途径。但农业技术的进步只依赖农业科技领域的努力是很难实现的。由于我国农业区域很大，不同的区域有不同的土壤，气候、保水条件差异更大，适合栽培和习惯栽培的作物也不相同，对需要的耕作、施肥、灌溉的方式及要素材料相差很大，形成面源影响的细微环境和作用机理也有很大差异，相应的配方、作用目的、施用方法也有分类细化和精确化的研发必要。未来肥料利用、土地耕作和灌溉、农业有机物利用等技术研发和推广，离不开整个科学界合作、不同领域不同企业的协同。与完全市场化国家不同，我国具有社会主义集中力量办大事的制度优势、资源配置优势，这种协同需要政策、制度创新，可以学习借鉴航天工程协同的机制和组织方法，制定相应的科学研究、制造开发、经济政策与市场机制结合的引导、鼓励和资源配置政策。

（3）鼓励高强度多品种无土栽培技术的发展

从农业面源污染影响的各种情况看，单位面源污染强度最大的一般都是土地耕种经济作物。据大致估算，经济作物所施的磷肥就是粮食种植所施的两倍以上，对环境水质指标影响很大；面源产生总量最多的是在所谓蔬菜基地、农业园区或粮油生产大户的那些土地地块上。如重庆市的不完全统计，冠以蔬菜基地、农业园区和 1700 家粮油大户所用土地大约只占20% 的全市农业用地，但可能贡献了 80% 的面源总量，因为这部分土地复种次数非常高（平均 4 次以上），需要施肥强度很高，而有机肥的及时肥效比化肥低，而且需要连续使用 4 ~ 5 年后才能得到改良土壤和增加肥力的效果，无法满足这类短期高强度种植经济作物的肥力需求，施用化肥强度很难降低；而粮食复种次数很低，肥料主要成分为氨氮类，没有列入水环境质量考核指标，其他因子像总氮主要影响地下水，因有滞后性，也还没有受到太多关注。像对于这类占比 20% 左右的土地贡献，贡献 80% 左右的面源总量，是否存在这种"二八"分配律还需要进一步调查研究，但需要保持高强度化肥施用的生产方式则无须质疑，单纯依靠减量政策的确很难避免。因此，有必要制定专项政策解决这类问题。一方面要限制种植过程的高强度化肥施用，如规定年单位化肥施用强度的最高限值，让 20%的所谓大户、农业园区、蔬菜基地受到一定限制；另一方面，还是要依靠发展现代化的肥料随水循环的无土栽培技术，按工业化栽培方式解决这类需要抢季节、小批量、复种率高的经济作物生产，从而从根本上解决面源产生"少数贡献大户"问题。

参考文献

［1］王欧，金书秦.农业面源污染防治：手段、经验及启示［J］.世界农业，2012，（1）.

［2］Robert W. Adler, Agriculture and Water Quality：A Climate Integrated Perspective, Vt. L. Rev. 847, 2012–2013.

［3］中国农业面源污染形势估计及控制对策—欧美国家农业面源污染状况及控制［J］.中国农业科学，2004，（7）.

［4］Ruhl, Agriculture and Ecosystem Services：Paying Farmers to do the New Right Thing, Food、Agriculture &Environmental Law 249（2013）.

［5］石凯含，尚杰.农业面源污染防治政策的演进轨迹、效应评价与优化建议［J］.改革，2021（05）：146–155.

［6］本刊编辑部.以钉钉子精神推进农业面源污染防治［J］.环境保护，2021，49（07）：4.

［7］贾陈忠，乔扬源.基于等标污染负荷法的山西省农业面源污染特征研究［J］.中国农业资源与区划，2021，42（03）：141–149.

［8］左喆瑜，付志虎.绿色农业补贴政策的环境效应和经济效应——基于世行贷款农业面源污染治理项目的断点回归设计［J］.中国农村经济，2021（02）：106–121.

［9］周慧，文高辉，胡贤辉.基于TPB框架的心理认知对农户农业面源污染治理参与意愿的影响——兼论环境规制的调节效应［J］.世界农业，2021（03）：59–69.

［10］秦天，彭珏，邓宗兵，王炬.环境分权、环境规制对农业面源污染的影响［J］.中国人口·资源与环境，2021，31（02）：61–70.

［11］杨丹丹，王海燕，郑永林，秦倩倩，张正贵，杨贵芳.重庆四面山农户行为对农业面源污染的影响［J］.中国农业资源与区划，2021，42（01）：34–40.

［12］王一格，王海燕，郑永林，孙向阳.农业面源污染研究方法与控制技术研究进展［J］.中国农业资源与区划，2021，42（01）：25–33.

［13］林江彪，王亚娟，樊新刚.宁夏农业面源污染的经济驱动特征研究［J］.干旱区资源与环境，2021，35（03）：58–65.

［14］胡钰，林煜，金书秦.农业面源污染形势和"十四五"政策取向——基于两次全国污染源普查公报的比较分析［J］.环境保护，2021，49（01）：31–36.

［15］王孟文，齐伟，王鹏涛，王卓然.鲁东山区流域景观格局与面源污染关联关系
　　　［J］.自然资源学报，2020，35（12）：3007–3017.

［16］朱燕芳，文高辉，胡贤辉，方慧琳.基于计划行为理论的耕地面源污染治理农户
　　　参与意愿研究——以湘阴县为例［J］.长江流域资源与环境，2020，29（10）：
　　　2323–2333.

［17］陈敏，王雪蕾，高吉喜，冯爱萍.农业面源污染立体遥感监测体系构建设想［J］.
　　　环境保护，2020，48（14）：49–53.

［18］石华平，易敏利.环境规制、非农兼业与农业面源污染——以化肥施用为例［J］.
　　　农村经济，2020（07）：127–136.

［19］王迪，王明新.基于面源污染约束的油菜生产效率时空变化及成因分析［J］.中国
　　　农业资源与区划，2020，41（06）：144–151.

［20］黄和平，王智鹏.江西省农用地生态效率时空差异及影响因素分析——基于面源
　　　污染、碳排放双重视角［J］.长江流域资源与环境，2020，29（02）：412–423.

［21］赵领娣，赵志博，李莎莎.白洋淀农业面源污染治理分析——基于政府与农户演
　　　化博弈模型［J］.北京理工大学学报（社会科学版），2020，22（03）：48–56.

［22］罗倩文，姜松.农业面源污染治理的环境保护税政策改进［J］.税务研究，2020
　　　（05）：130–135.

［23］郭鹏飞.农业面源污染防治的审计监督研究［J］.环境保护，2020，48（08）：25–
　　　29.

［24］邓晴晴，李二玲，任世鑫.农业集聚对农业面源污染的影响——基于中国地级市
　　　面板数据门槛效应分析［J］.地理研究，2020，39（04）：970–989.

［25］石凯含，尚杰，杨果.农户视角下的面源污染防治政策梳理及完善策略［J］.农业
　　　经济问题，2020（03）：136–142.

［26］余耀军，胡楚.美国农业面源污染防治补助制度及启示［J］.国外社会科学，2020
　　　（02）：52–63.

［27］宋泽峰，张君伍，陆智平，栾文楼，王丰翔，崔邢涛.大气干湿沉降对河北平原
　　　农田面源污染的贡献［J］.干旱区资源与环境，2020，34（01）：93–98.

［28］殷培红，耿润哲.论流域生态系统治理对农业面源污染防治的作用［J］.环境保
　　　护，2019，47（21）：16–20.

［29］包晓斌.种植业面源污染防治对策研究［J］.重庆社会科学，2019（10）：6–16+2.

［30］尚杰，石锐，张滨.农业面源污染与农业经济增长关系的演化特征与动态解析
　　　［J］.农村经济，2019（09）：132–139.

［31］李晓平，谢先雄，赵敏娟.耕地面源污染治理：纳入生态效益的农户补偿标准
　　　［J］.西北农林科技大学学报（社会科学版），2019，19（05）：107–114+124.

［32］刘勇.环境管制、经济激励、促进绿色购买与环境质量动态响应——基于太湖
　　　流域水环境治理中农村面源污染整治的分析［J］.南京工业大学学报（社会科学

版），2019，18（04）：75-86+112.

［33］徐承红，薛蕾.农业产业集聚与农业面源污染——基于空间异质性的视角［J］.财经科学，2019（08）：82-96.

［34］薛蕾，廖祖君，王理.城镇化与农业面源污染改善——基于农民收入结构调节作用的空间异质性分析［J］.农村经济，2019（07）：55-63.

［35］秦天，彭珏，邓宗兵.农业面源污染、环境规制与公民健康［J］.西南大学学报（社会科学版），2019，45（04）：91-99+198-199.

［36］王明新，朱颖一，王迪.基于面源污染约束的玉米生产效率及其时空差异［J］.地理科学，2019，39（05）：857-864.

［37］曹文杰，赵瑞莹.国际农业面源污染研究演进与前沿——基于 CiteSpace 的量化分析［J］.干旱区资源与环境，2019，33（07）：1-9.

［38］侯孟阳，姚顺波.异质性条件下化肥面源污染排放的 EKC 再检验——基于面板门槛模型的分组［J］.农业技术经济，2019（04）：104-118.

［39］连煜阳，刘静，金书秦.农业面源污染治理探析——从新型肥料生产环节视角［J］.中国环境管理，2019，11（02）：18-22.

［40］石文香，陈盛伟.中国化肥面源污染排放驱动因素分解与 EKC 检验［J］.干旱区资源与环境，2019，33（05）：1-7.

［41］荆延德，张华美.基于 LUCC 的南四湖流域面源污染输出风险评估［J］.自然资源学报，2019，34（01）：128-139.

［42］丘雯文，钟涨宝，李兆亮，潘雅琴.中国农业面源污染排放格局的时空特征［J］.中国农业资源与区划，2019，40（01）：26-34.

［43］兰婷.乡村振兴背景下农业面源污染多主体合作治理模式研究［J］.农村经济，2019（01）：8-14.

［44］龙云，陈立杰.农户行为视角下的耕地流转对耕地面源污染的影响分析——基于湖南省资兴市的田野调查［J］.农村经济，2019（01）：46-51.

［45］孔东菊，朱力.论环境合同在农村面源污染治理中的应用［J］.广西社会科学，2019（01）：119-124.

［46］杜建国，王梦丹，许玲燕.集约经营格局下小流域农业面源污染治理模式及其策略比较研究［J］.系统工程，2018，36（12）：107-118.

［47］陈阿江.农业面源污染研究策略［J］.南京工业大学学报（社会科学版），2018，17（06）：8-18.

［48］夏秋，李丹，周宏.农户兼业对农业面源污染的影响研究［J］.中国人口·资源与环境，2018，28（12）：131-138.

［49］揭昌亮，王金龙，庞一楠.中国农业增长与化肥面源污染：环境库兹涅茨曲线存在吗？［J］.农村经济，2018（11）：110-117.

［50］廖炜，李璐，杨伟，吴宜进.城镇化过程中的流域面源污染时空变化［J］.长江流

域资源与环境，2018，27（08）：1776–1783.

［51］卿漪，龙方.农民参与农业面源污染治理的意愿及其影响因素——基于洞庭湖区"清洁田园"行动的经验分析［J］.湖南农业大学学报（社会科学版），2018，19（04）：47–52+72.

［52］金书秦，韩冬梅，牛坤玉.新形势下做好农业面源污染防治工作的探讨［J］.环境保护，2018，46（13）：63–65.

［53］马国栋.农村面源污染的社会机制及治理研究［J］.学习与探索，2018（07）：34–38.

［54］李晓平，谢先雄，赵敏娟.资本禀赋对农户耕地面源污染治理受偿意愿的影响分析［J］.中国人口·资源与环境，2018，28（07）：93–101.